北京新建筑
全球顶尖建筑实验竞技场

林美慧 / 著

ecture

ng

在世界级的奥运建筑中见证前所未有的北京风采

中国青年出版社

Contents
目录

前言

　　* 奥运建筑　　　　　　　　　　　008
01　国家体育场（鸟巢）　　　　　　　　　012
02　国家游泳中心（水立方）　　　　020
03　数字北京大厦　　　　　　　　　　　　　028

　　* 艺术殿堂　　　　　　　　　　　　032
04　国家大剧院　　　　　　　034
05　798 艺术区　　　　　　　　　　042
06　草场地艺术区　　　　　　　048

　　* 公共建筑　　　　　　　　　　　058
07　北京首都国际机场三号航站　　　　　　060
08　北京中国银行总部大厦　　　　　068
09　北京天文馆新馆　　　　　　　076
10　中央电视台新大楼　　　　082
11　北京规划展览馆　　　　　　　　090

　　* 商业建筑　　　　　　　　　　092
12　建外 SOHO　　　　　　094
13　当代 MOMA　　　　　　　　100
14　三里屯 Village 之北京格子　　　　104

　　* 设计精品旅馆　　　　　　112
15　长城脚下的公社　　　　　　　112

　　* 北京建筑师事务所　　　136
16　朱锫　　　　　　138
17　王昀　　　　　　　　146
18　迫庆一郎　　　　　154

　　* 建筑评论　　　　　　　　　　162
19　王明贤　　　　　　164
20　史建　　　　　　　　168
21　方振宁　　　　　172

　　* 附录
　　北京市地图
　　艺术区地图
　　北京地铁规划图
　　长城脚下的公社地图

从紫禁城到奥运城

一边是过去
一边是未来

林美婧

2007 年 8 月 8 日，迎接奥运倒数一周年之际，我来到北京。

近深夜，从机场搭乘巴士到饭店，我耳朵里听到的是 10 年前台湾的流行音乐。时光仿佛错置，竟不知身在何处，是 10 年前的台湾，还是建设提前 30 年的北京？矛盾的也不仅止于此。大街上，现代汽车、搭载货物的三轮车、为数众多的脚踏车及电动车（以电发动的轻型机车）一起构成了街头景观。我以为我对北京发生的一切应该做好了万全准备，然而意外却不仅于此。

隔日早晨，走出胡同里的饭店，发现这时的北京灰扑扑的，空气中有一种沙尘味儿，有点像是走在工地现场那种被风扬起的沙尘白茫里。走过了一个打着赤膊的大叔、两个拿着锅子正在聊家常的大婶，还有路边正在炸油条、煎大饼的早餐店，再看到了街头四处的标语林立……我进入了地铁站，地铁站里的陈旧地砖、铁栏杆、站务员的"扑克脸"，使我又好像回到了 30 年前的台湾车站。而此时，我却要前往另一个未来，去寻找在现代建筑史上绝对值得记上一笔的奥运建筑——水立方、鸟巢。

就是这样充满了时光错置与矛盾感的北京，组构我对北京的印象。一条街上分列着两个世界，胡同四合院落与现代高楼大厦；奥林匹克公园与附近的贫民聚落；紫禁城古典恢弘与四处的现代工地现场……全世界的大都市可否找到第二个像这样的城市呢？不能。

一边是过去，一边是未来，这正是现在的北京最不可思议却最迷人之处。

我思忖着奥运为北京带来的改变。回头看历史长河，公元前 1045 年周武王灭商后，分封周王室同姓贵族昭王于北燕，即现今的北京及周围地区，这是北京出现城池的开始。细数 3000 多年的建城史，从元朝创建新城大都的基本建设，到明朝的大举建设并命名为北京，再到清朝的迁都北京，这些历史让这个中国的北方城市，蕴涵了中国文化的深厚底蕴。1949 年共产党主政建立了新中国，10 年间，北京出现了许多代表社会主义形象的建筑群。直到 1995 年，张永和在美国成立事务所后，回到北京从事建筑设计，不但开启中国独立建筑师事务所的新时代，也以西方建筑理念融入中国城市文脉的实践，带来了新的视野。而 2001 年北京申奥成功后，延揽了世界级建筑师在中国的建筑舞台竞技，短短的 6 年间，就让北京城有了翻天覆地的变化，历代君王所建造留下的宏伟古建筑，如今要与现代奥运城相互辉映。

超速的发展，超现实景象的错置，破坏与建设的冲突。我在想，这些精彩要如何透过文字分享？而文字能否传达这些背后错综复杂的政经结构，历史交叠的人文思维和说不明、理不清的矛盾情结？于是我决定将本书分为七大单元，包括：中国建筑评论家看待北京建筑发展的专论、采访在北京成立设计事务所的新锐建筑师、探询这些建筑师的设计理念、介绍最引人注目的奥运建筑、不遑多让的公共建筑、新兴的商业建筑、成为前卫势力的艺术特区，以及扬名海外的五星级宾馆等，企图透过不同面向的观察，一窥北京的新建筑现场，并记录在 21 世纪北京因奥运所带来的一切改变和即将改变的一切。

在此特别致谢：苏瑞卿、方振宁、阮庆岳、张基义、王昀、史建、迫庆一郎、王明贤、朱锫、李薇、窦子、高宁、王珺、徐辉、李佩蓉、张倩绮、积木文化以及中国青年出版社，因您们的协助才得以成就本书的完成。

2008

Olymp

c Beijing

　　2001 年 7 月 13 日，当国际奥委会投票决定了由北京主办第 29 届奥林匹克运动会后，这几年间，随着相关建设的逐渐完工，北京发生了根本性的变化，有人这样形容：这是从 13 世纪忽必烈在此建都以来，到目前为止，最大、最彻底的改变。

　　奥运将带来什么呢？它让人民提前 20 年享受到现代化且科技化的城市建设；它推动了新北京的超速发展，也造成了北京城市风貌的丕变；甚至让北京新建筑跃上国际舞台，在世界建筑史上成为人类文明的新经典。

　　看看被称为"鸟巢"的国家体育场如何以一系列辐射式的钢结构旋转呈现；或是被称为"水立方"的国家游泳馆，如何模拟水分子结构而创造了充满美学的建筑外观；此外，唯一一座由中国建筑师设计的奥运项目"数字北京"，也在某种程度上宣示了自己的坐标；更不用提这些建设中大量使用的现代科技，将会怎样改变北京人民的生活。

　　奥运所带来的一切改变和即将改变的一切，就留待未来见真章！

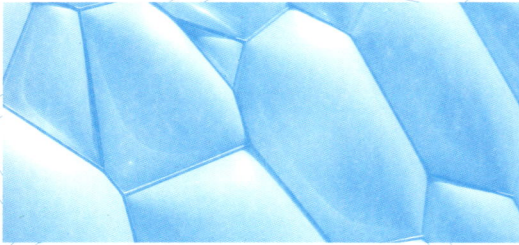

北京奥林匹克公园位于城市中轴线的北端，面积约 1215 万平方米，容纳了 44% 的奥运会比赛场馆，以及为奥运而建设的绝大多数设施，包括 14 个比赛场馆、奥运村和记者村。

"人类文明成就的轴线"，此一概念是获得设计权的美国 Sasaki 设计事务所（Sasaki Associates, Inc.）与天津华汇工程建筑设计有限公司共同提出对奥林匹克公园规划的想法。他们在北京城中轴线的北端规划了一条长 2.3 公里的"千年步道"，体育设施则分布在步道的两侧，其中一段 500 米长的步道上，设置了中华文明上至三皇五帝，下至宋、元、明、清各时期历史的纪念性标志物。此外，还规划了由南到北贯穿全园的龙形水系，与北京古城区内中轴线西侧的什刹海、中南海遥相呼应，形成对称式布局。■

北京奥林匹克公园

国家体育场（鸟巢）

国家游泳中心（水立方）

数字北京大厦

站在北京国家体育场围篱外，整个现场都是石子儿味，工人来来回回搬运沙泥、货车驶过扬起一片烟尘，加上天空也灰蒙蒙的。什么叫做"建筑现场"，我想这就是了，一种视觉和嗅觉都达到极致的工地现场感受。此时此刻的天地和空气，已都被沙尘给占满了，让眼前状似鸟巢的国家体育场成了模糊不清的背景。

即使如此，在我眼前的鸟巢仍显现了在 21 世纪之际跨越建筑史里程碑的特殊性，整个建筑透过巨型的网状钢构，不施一根立柱，以"外观即结构，结构即形体"的极致表现，获得了世界建筑界的赞誉，也在中国获得好评。也许一般民众不会懂，为何建筑设计要追求建筑形式与结构功能的全然合一，他们也不一定能够理解"结构即形体"的纯粹性对现代建筑的重要性，然而看到原来巨大跨度的钢桁架，竟能交织成像鸟巢似的网，层层叠叠，也会不禁赞叹现代建筑技术的卓绝。

National Stadium
国家体育场（鸟巢）

北京灰 故宫红

这样的设计无疑迥异世界其他体育场，北京奥运会国家体育场就像个巨型容器，坐落在奥林匹克公园中央区坡地上，因网状钢构的相互支撑，形成一个近似椭圆、有着高低起伏外观的碗形，而这样的美学呈现如何表达中国的东方意象呢？负责设计的赫尔佐格和德默隆（Herzog & de Meuron）建筑事务所解释道，灰色的钢构与土红色的碗状体育场看台，其实就是结合了北京的灰砖建筑和故宫的红两种色调。

再者，在概念发想上，"东方意象"被诠释为一种对事物的抽象表达，于是，当我们看到像鸟巢般的钢构网络，可能联想到冰窗花，或意会到彩纹陶钵的形体，又像是陶瓷上的冰裂纹，或民间缠线的工艺，甚至是中国传统工艺

☰ 北京奥林匹克公园
◿ 25.8 万平方米
◫ 永久性座位 80000 个，临时性座位 11000 个。

01

Herzog & de Meuron建筑事务所是由赫尔佐格(Jacques Herzog)和德默隆(Pierre de Meuron)两人共同成立的。两人皆出生于1950年,有着相同的学历,在瑞士巴塞尔(Basel)念同一间小学,都毕业于瑞士联邦理工学院建筑学院(Swiss Federal Institute of Technology),而后在1978年创立 Herzog & de Meuron 联合建筑师事务所,并长期担任哈佛大学客座教授。两人于2001年同时荣获普立兹克建筑奖,创下了普立兹克建筑奖同时颁奖给两位建筑师的首例。

左／鸟巢的内部空间／方振宁摄影
右／鸟巢的钢架结构／张基义摄影

中常用的镂空手法。赫尔佐格和德默隆透过暗喻、内向的思考，与中国文化产生联系来表达建筑与东方美学的关系，因而整个建筑体也散发出一种安静的气韵。

同时，鸟巢在功能上的设计也不遑多让，整个体育场建筑面积有 25.8 万平方米，主体以钢条编织成巨型结构，而混凝土的碗型结构则是体育场的看台，分为上、中、下三层，规划出座位区及包厢区。特别的是，鸟巢还在顶部铺设先进的 ETFE 膜，除了可以挡雨，还能让阳光不会直接照射到场内，使光线更柔和；内部则铺设 PTFE 膜隔音，使场馆内达到零噪音，拥有良好的声学系统。

没有顶的鸟巢还是鸟巢吗？

然而，这样的鸟巢在建造过程中曾经停工半年之久，甚至当时还谣传鸟巢不盖了。

原因是 2004 年中央开始推行"节俭办奥运"政策，原本造价高达 39 亿元人民币的鸟巢自然成为检讨的对象，官方希望将预算控制在 23 亿元人民币以下，因而工程在 2004 年 7 月紧急叫停，直至同年 12 月才复工。这将近半年的时间，设计团队为配合此政策，使出浑身解数研拟新方案，力图既能确保鸟巢原有的艺术效果，又能符合官方削减预算的要求。之后推出的新方案，最大的差别是取消了原本设计中可开阖的屋顶，并将鸟巢中央的开口扩大，以减少钢铁的用量，同时也减少临时看台的座位数，此一设计的调整，也在建筑评论界掀起不同的声浪。

2004 年 10 月，来自文化界、艺术界、建筑界的张宝全、张永和、任志强、冯仑等人共同发表了一份声明，呼吁保持鸟巢建筑的完整性。在他们看来，修改过后的方案将使鸟巢失去作为经典建筑的完整性。也就是说，鸟巢因为没有了屋顶，让原本用来支撑屋顶、具有功能性的巨大框架结构，变成"虚张声势"、徒具表演性的外衣，也使当初被认为是代表了 21

世纪初国际建筑界最高水准的体育建筑，有了历史性的遗憾。

少了屋顶的鸟巢还是鸟巢吗？从建筑史的观点来说，不能在建筑涵构上有内外一致的呈现，就少了当初创造性的意义；然而，鸟巢原用钢量高达 13.6 万吨，不仅造价昂贵，也不符合环保的潮流，这可也是一个问题。总之，在节俭办奥运的呼声下，鸟巢还是瘦身了。

鸟巢案的中国经验

瘦身后的鸟巢，仍然是目前世界上跨度最大的体育建筑之一，它体现了新型的建筑材料以及膜结构的技术运用，对中国建筑界而言，更是前所未有的挑战。值得一提的是，这次中外合作的设计模式改变了以往建筑由外国设计、再交给中国做施工图的分工，而是采取由中国建筑设计研究院、赫尔佐格和德默隆以及英国 Ove Arup 工程顾问公司共同紧密合作，整合进行的方式，成功避免了建筑设计在理念与实施两个阶段上的落差。

在竞图阶段，中国建筑设计研究院就选派中方建筑师常驻瑞士，并与瑞士建筑师和英国工程师共同发展设计概念；进行到施工设计阶段时，瑞士建筑师和英国工程师则来到北京，与中国的建筑师和工程师一起工作。双方不仅仅要适应各自文化背景与逻辑思维，还要克服彼此迥异的工作模式，而在这样的紧密相依的合作关系下，中国学习到西方的设计和管理方法，外国建筑师们也得到了宝贵的中国经验，更确保了鸟巢案的设计理念在实践过程中的完整呈现。

对中国而言，无论是原本预算中那 39 亿元人民币，还是瘦身后 23 亿元的费用，我想都是很划算的投资。毕竟这样划时代性的设计，具备了空前的复杂性和挑战性，透过中外的合作与经验传递，让中国建筑界有机会迈向新的里程碑，同时也共同见证了 21 世纪中国与世界建筑接轨的历程。■

01

"没有规矩，不成方圆"。有了既定的规矩，并遵循这些规矩做事，才能达到圆满和谐的境界。短短一句俗谚，道尽中国千百年来的文化内涵，影响之深远，体现在许多传统建筑设计和城市规划中，皆以方形作为基本的布局。国家游泳中心"水立方"就是以这样的方形格局，呼应了中国建筑文化里的合院体系，并与邻近的椭圆形"鸟巢"构成了"天圆地方"的关系，而能在众多竞争对手中脱颖而出。

National Aquatics Center
国家游泳中心（水立方）

与鸟巢分庭抗礼的水立方

负责"水立方"设计的澳洲 PTW 建筑师事务所主要建筑师 John Pauline 曾公开表示，在设计国家游泳中心时，最大的考量就是如何呈现出属于中国运动场馆的东方文化，并在设计之初以"水"为主题，思考各种可能的形态，因而推演出水立方这样结合了"游泳场馆"意涵以及现代科技的设计。

也由于此方案招标时，国家体育场已确定是由赫尔佐格和德默隆所设计的"鸟巢案"中标，而国家游泳中心比邻着国家体育场，两座建筑就位于北京城市中轴线北端的两侧，如何互相呼应、彼此对话，就成为国家游泳场馆在设计上的挑战。毕竟鸟巢以独特的形体结构和独特的美学博得了喝彩，那么该如何与之分庭抗礼？

水立方模拟水分子结构的实景立面／张基义摄影

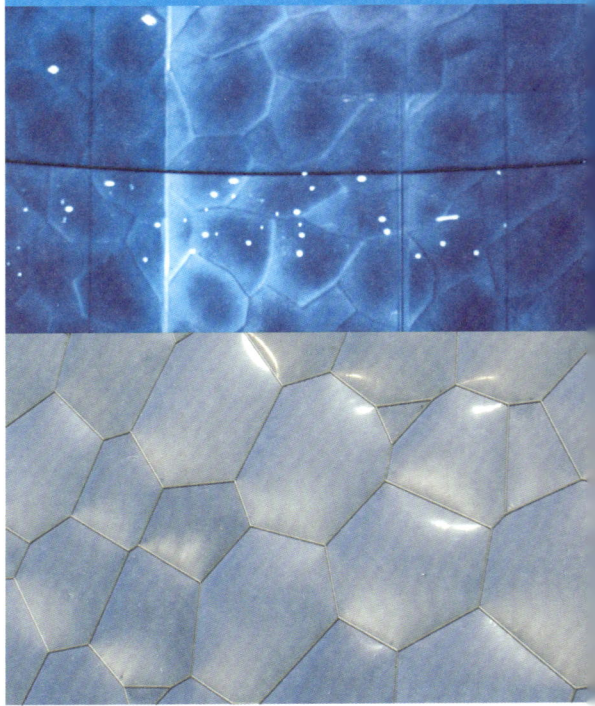

〒 北京奥林匹克公园
◿ 79532 平方米（长 177 米，宽 177 米，高 30 米）
⊨ 永久座位 4000 个，可拆除座位 2000 个，临时座位
　 11000 个。

02

水立方建筑现场／张基义摄影

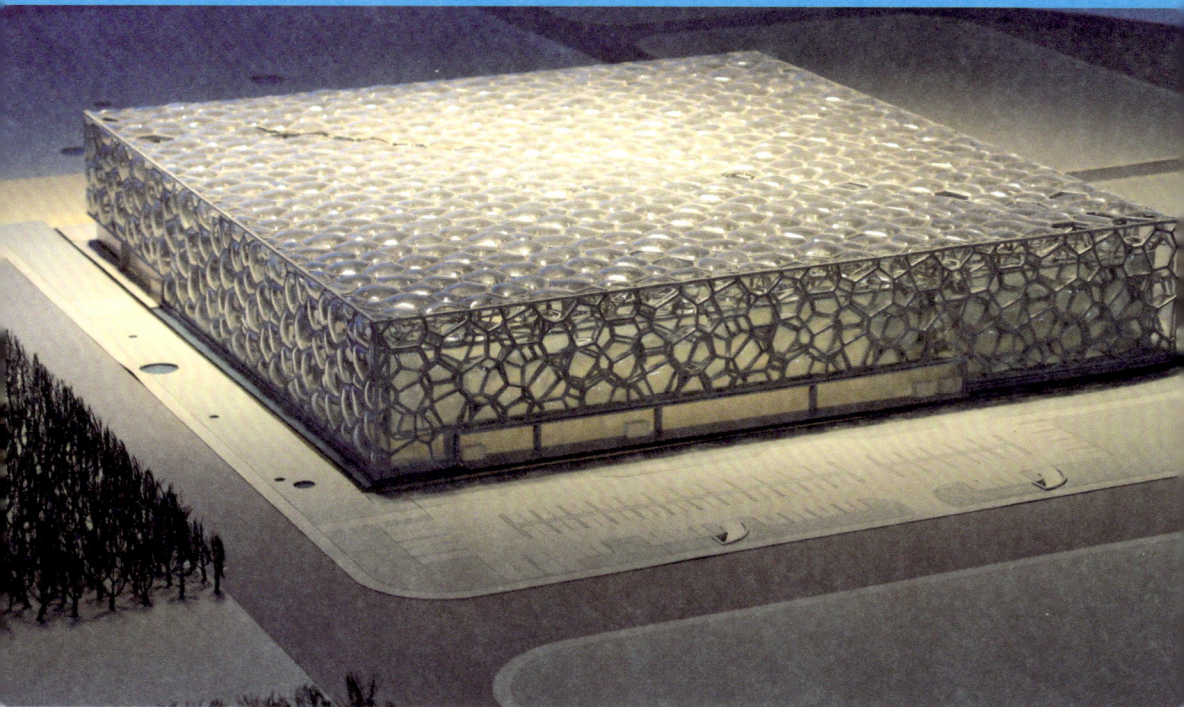

水立方模型

是相互共生的关系，还是选美台上互相争奇斗艳的敌手？

PTW 建筑师事务所聪明地选择了纯粹的正方形，不仅呼应中国文化的内涵，也用看似毫不抢眼的表情回应造型强烈的鸟巢。

在外观上，圆弧线条的鸟巢与棱角分明的水立方彼此产生了对应关系，而且，隐约透出红色看台座位的鸟巢，与泛着蓝光冷色调的水立方，在色系上也各有独立鲜明的特色。主要建筑师 John Pauline 做了有趣的对比，他说："鸟巢强势，水立方优雅；鸟巢是男性化的，水立方则呈现女性化特质。"

两者并列于奥运公园内，成功地吸引了世界的目光，并列为北京奥运标志性建筑，成为21 世纪中国建筑面对世界最重要的国家意象。

水概念的科技与环保

水立方最为人津津乐道的，就是以模仿水分子结构的巧思，博得众人的惊叹，其建筑立面酷似水分子结构的几何形状，就像蓝色的泡泡墙，令人马上联想到相关的水上运动，甚至当民众置身其中，也能有像在水里流动的感觉，让"游泳中心"的功能不言自明。

为了打造这样像水泡般的分子结构视觉效果，PTW 建筑师事务所请来知名的 ARUP 工程顾问公司进行一系列实验，发现使用 ETFE 膜是最好的选择。此材质特色在于具热学性能、透光性，并能防腐蚀，不仅夏季容易散热，冬季还能保温；也因为质地很轻，不需以厚重的钢结构支撑；加之清洁容易，即使沾染灰尘，只要使用水就能够清洁，ETFE 膜是目前运用在大跨度空间建筑的主要材质之一，为 21 世纪极具代表性的新型建筑材料。

使用过程中，需要先将 ETFE 膜充气，使之成为 3000 多个气枕，然后再铺设于水立方上。ARUP 工程顾问公司在钢架上透过充气管线给这些气枕充气，用计算机监控，并依据当时的气压和光照等条件，使气泡保持最佳状态。可以说，水立方结合了建筑学、结构力学、化工原理与计算机技术，在体现结构美的同时还展现了建筑师的浪漫想象。

可预见的是，水立方将成为北京最大的水上乐园，也很可能成为奥林匹克公园里最受欢迎、最赚钱的场馆。来到水立方，你可以真正在水里悠游，抑或坐在里面，任思绪在水分子的结构里自由徜徉……■

PTW 建筑师事务所　PTW ARCHITECTS

1889 年成立于悉尼，是澳洲成立最久的建筑事务所，也是澳洲大型的建筑事务所之一。PTW 在 1988 年进入中国，初期只承接概念设计案，20 世纪 90 年代开始在中国深耕市场，实现其建筑理念。目前完成的个案有：上海外滩 30 号办公楼、上海黄浦区体育中心及附属办公楼、杭州滨江风雅前堂等。最为人所熟知的，则是为北京 2008 年奥运会所设计的国家游泳中心——水立方。

02

水立方如蓝色气泡的外墙／方振宁摄影

02

"这房子不知道谁要住，一扇窗户也没有，不闷坏才怪。"凡看到数字北京大厦的人，若不知道这座大厦的功能，都会在心里嘀咕这样的话。然而，这栋房子还真不是给人住的，是要给机器住的！

中国建筑师的奥运项目

2004 年，作为北京奥运建筑最后一个国际公开竞标的项目，数字北京肩负北京 2008 奥运控制中心的重责大任，这栋大厦需囊括智能化、高科技的电信通讯机房及办公大楼，而且与鸟巢和水立方比邻而居，共构成一个三角关系。数字北京可比喻为奥运的大脑，更是重要的后勤基地，而这样的重量级建案，中国建筑师朱锫在激烈的国际竞标中脱颖而出，成为所有奥运项目中，唯一一个由中国建筑师设计的项目。

当时朱锫刚回国 3 年，面临国际级建筑师的同台竞技，大胆用建筑提出对中国城市的看法。他将数字北京的场景构思为一片集成电路板，或是放大的芯片，当它从水中慢慢浮出，水就如瀑布般从顶部流泻而下，犹如流星雨一般，这样的流动性及多变的层次，就是朱锫认为现代城市空间与集成电路板、芯片的共同特征，可以说，他借由建筑，诠释了一个放大的数位微观世界。

建筑的数位时代

整个数字北京的建筑体被裁切为四个板块、三大部分，东侧为办公区，面向奥运场地中心，拥有良好的采光和视野，同时玻璃幕墙上还安装 LED 显示屏，提供最新的奥运信息。这栋大厦东面有个静水池，远观时，数字北京就好似从平静的水面上生长出来，而中间和西

03

Digital Beijing Building

数字北京大厦

⊤ 北京奥林匹克公园

◺ 9.6 万平方米

‖ 高 57 米，地上 11 层，地下 2 层

数字北京内部空间 / 朱锫建筑事务所提供

朱锫　ZHU PEI

出生于 1962 年。20 世纪 90 年代初，取得清华大学建筑学硕士学位。在清华大学建筑学院任教多年后赴美，就读于美国加州大学柏克莱分校（Berkeley，UC），获建筑与城市设计硕士学位。曾多次于重大的国际建筑设计竞赛中获奖，并应邀参加众多国际性重要艺术与建筑展，如 2003 年法国蓬皮杜中国艺术展、2005 年巴西圣保罗双年展、荷兰中国当代建筑展、西班牙第一届卡那里建筑艺术双年展等。期间，于清华大学、美国加州大学柏克莱分校从事教学活动，并兼任学术杂志《世界建筑》《中国建筑年鉴》及《建筑业导报》编委。

侧的板块则是数字机房，采用大面积的实墙，避免阳光直射机房里的设备。一进入公共空间，则设有"网络桥""数字地毯"等展示设备，让参观的民众大开眼界。所谓的"数字地毯"是使用一种半透明性的 FRP 材质，从地下一层不断延伸，并卷起成为墙面，就好像在空中画了个"e"，这样的数字地毯展示着丰富的信息，犹如悬浮在空中的博物馆。

由里到外，从建筑形式到内部空间，数字北京被建筑师赋予"数字时代"的全新概念。朱锫还将数字北京形容为"奥林匹克公园客厅里的巨大电视屏幕"，透过这个屏幕向世界传达奥运的盛况，同时也向人们揭示信息时代的透视法则——只有一片薄薄的电视屏幕，就能让我们看到全世界的每个角落。

数字北京的后奥运时代

也许有人会问，奥运结束后，数字北京的功能何在？难不成变成废楼？其实北京市政府早已规划好数字北京的未来。奥运会期间，它是提供奥运通信、信息服务和信息安全保障的枢纽；而奥运会结束后，数字北京则转换功能，作为市政府信息资源、应急指挥系统、信息服务的 E 化中心，以及奥林匹克中心区与周边地区的通信枢纽。

当我绕着奥林匹克园区外围远观数字北京，发觉整个量体犹如一座巨大雕塑，静默地竖立着，它简单，却充满力量。我想象，当雕塑体上的沟缝被点亮时，光流穿过建筑体的那一刹，北京奥运的天空将闪烁着耀眼光芒。■

数字北京大厦／方振宁摄影

要用什么心情来介绍北京艺术文化的蓬勃与发展？我有点羡慕，还带着嫉妒。

姑且不论北京国家大剧院完工后，每年超过500场的演出，是否能够真正提升市井小民欣赏表演艺术的水平；然而，拥有先进的表演厅和专业设备，并向世界一切经典的表演艺术敞开大门的"水煮蛋"，已然引起了世界各大都市一流表演团体极大的兴趣。也许有人会说，那是穷人买不起的座位，艺术离生活遥远得很，那么，请你不妨坐着公交车，走进工厂与农村。在北京，工厂和农村的面貌已经丕变，原本废弃的旧建筑——化身为艺术村，已具气候的北京艺术聚落有：位于北京东部通州新城的宋庄小堡村，常年居住上百位画家，有"画家村"的称号；朝阳区崔各庄乡的费家村香格里拉艺术中心；坐落在王四营甲二号的观音堂文化大道；以及东北方一大片的艺术板块，以798作为北京艺术产业体系的龙头老大，再延伸出周边的酒厂艺术园区，以及草场地艺术东区……

艺术家集群而居，加上国内外画廊、设计工作室的进驻，群聚效应带来了北京当代艺

Arts
Beijin

术的丰富多元面貌，以及国际间注目的眼光。莫怪乎这5年间，台湾画廊掀起了西进运动，798艺术区和观音堂文化大道都有台湾画廊的身影，媒体甚至大胆预测——"台湾大批画廊迁出，将引发岛内艺术真空的危机"。

这是危言耸听吗？其实也不尽然。台湾大喊文化创意产业很多年了，北京起步较晚，却以惊人的速度发展。2006年，北京"十一五"（指北京市国民经济和社会发展第十一个五年规划纲要，明订目标为大力推展文化创意产业）规划的第一年，被业界称为北京文化创意产业元年，按目前的发展速度，预估到2010年，文化创意产业产值将超过新台币4000亿，占北京市GDP的比重会超过12%。尤其因2008年奥运盛会的举办，更可能实现北京中央政府试图打造文化创意产业的雄心壮志，在未来的10年，艺术北京的城市风景也许真的指日可待。

数字会说话，我的嫉妒和羡慕其来有自。

国家大剧院

798 艺术区

草场地艺术区

麦勒画廊
北京艺门画廊
三影堂摄影艺术中心

走在尺度巨大的天安门广场，沿途经过毛主席纪念堂、中国国家博物馆、人民大会堂、天安门。在这条中轴线上，就像走过历史现场，一系列代表国家政治、文化的建筑物，巨大而高耸，无言地诉说过往历史的兴衰起落。

要在这样的区域里，盖一栋全然现代化的建筑，也难为了建筑师保罗·安德鲁（Paul Andreu）。因为国家大剧院不仅位于首都的中心，并且在世纪交替之初，成为新北京的一个象征，人民期盼着一种既能创新，又展现融合中国几千年深厚文化底蕴及精神意涵的设计，

National Centre for
the Performing Arts
国家大剧院

北京人民大会堂西侧
+86-010-66550000
www.chncpa.org

还希冀它能与天安门广场前那些标志性建筑合成一气，不抢走旧建筑的精神象征与风采。

1999年，全民都在看政府如何透过第一次公开竞标，让最完美的方案跟北京城的历史共构出美丽的图案，没想到由保罗·安德鲁以玻璃和钛金属板打造的巨蛋般的国家大剧院胜出，随即引起许多争议，从获得竞标到2007年完工，反对声浪就一直没停过。

"国家大剧院的外观跟周遭景观一点都不协调！""外观与功能一点关系也没有，""根本与中国风格相悖离，""像是来自外层空间的建筑，""超级昂贵造价是个大笑话……"还有民

众说它像"坟包"、是一颗"毒蛋"，种种来自建筑界的质疑声浪排山倒海而来，甚至有建筑师认为应该在2008年奥运前把它炸掉，颇有引以为耻的感慨。

这些争论让人想起巴黎卢浮宫前面的金字塔，两者有着类似的命运。1983年美籍华裔建筑师贝聿铭应法国总统密特朗之邀，前往改造巴黎的卢浮宫，他所设计的玻璃金字塔方案一曝光，就立刻遭遇猛烈地抨击。法国人无法想象这个玻璃金字塔如何能与卢浮宫相映成趣，而贝聿铭的华裔身份，也是众人攻击的说法之一。对照北京国家大剧院的例子，同样是由外

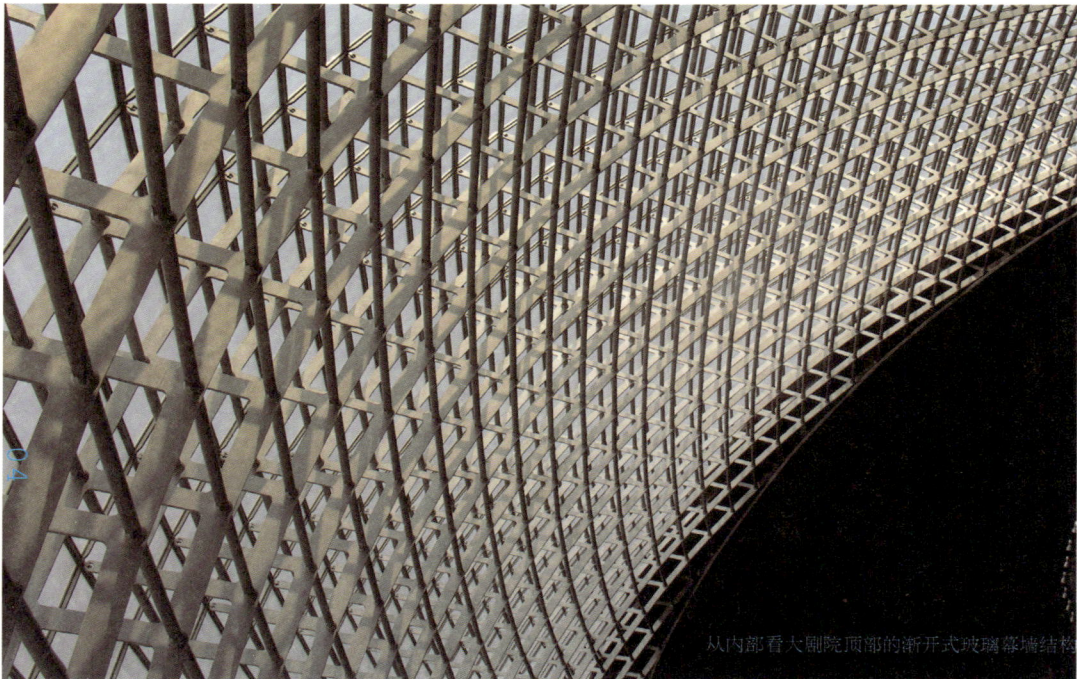

从内部看大剧院顶部的渐开式玻璃幕墙结构

保罗·安德鲁　PAUL ANDREU

1938 年 7 月 10 日出生于法国波尔多市附近的 Causéran。1961 年毕业于法国高等工科学校 (Ecole Polytechnique)、
1963 年法国道桥学院和巴黎美术学院。29 岁时他就以设计巴黎戴高乐机场候机楼闻名，从此成为巴黎机场公司的首席建筑师，
在世界各地规划设计了许多机场。1999 年，巴黎机场公司与清华大学合作竞标案，在激烈的角逐中，保罗·安德鲁成功取得
北京国家大剧院的设计权。

www.paul-andreu.com

国建筑师来主掌国家重要的文化层次象征；再者，看似与中国传统建筑无法产生关联的巨蛋，却要与紫禁城比邻而居，不管从理性或情感的层面来看，都与人民的习惯思维大相径庭。然而，随着玻璃金字塔的完工，古老的卢浮宫竟因此获得了新生，巴黎市民忽然读懂了贝聿铭的设计，如今玻璃金字塔已成为法国人心中的标志性建筑，那么，北京的国家大剧院能有相同命运吗？

保罗·安德鲁的设计理念

饱受争议与批评的法国建筑师保罗·安德鲁接受媒体采访时，仍不断地为自己的设计辩护——完工后，大家一定会了解它的美丽。

从1999年竞标，2007年完工，保罗·安德鲁就反复进行设计上的修改，然而基本构思却从未改变：建筑体没有背面可言，无论从哪个角度看，它都是半椭圆形球体；停车场和技术设备等都位于地下层；且国家大剧院与人民大会堂位于同一轴线上。

20000多块钛金属板和1000多块超白透明玻璃组成了对国家大剧院的第一印象，而保罗·安德鲁喜欢北京民众给它起的绰号——"巨蛋"或"水煮蛋"，因为"蛋"正代表了一种内蕴的生机不断，里面孕育着生命，也象征着外壳、生命和开放。同时，从外观来看，他认为这颗蛋是一个宁静的设计，也努力让这个建筑与周遭环境相呼应，例如入口处的外墙涂成了紫禁城的"红"；而水域的设计，让这颗蛋像是漂浮在水上的明珠，反射天光云影与周遭的风景。进入室内的五楼大厅，还可以看到中南海和其他景色，这种"借景"手法，正如中国传统的园林设计。

此外，他认为国家大剧院还有个更重要的功能，那就是为民众创造一个活动空间，民众在此不只是看表演，更能感受到一种为大众开放的文化场域精神。像这样不断苦口婆心、殷殷切切对媒体说明，保罗·安德鲁无非是希望自己的设计能够被理解，而他也公开说："我并没有抹杀中国传统，我希望20年后，这个剧院能被称为中国的建筑。"其内心所受到的煎熬可想而知。

多项北京第一的建筑纪录

虽然设计受到争议，但北京国家大剧院其实也打破了众多的建筑纪录。剧院高度超过46米，约20层楼高，但碍于不能超过人民大会堂的高度，整体建筑向下挖了大约32米，相当于10层楼的深度，60%的建筑面积都在地下，这是北京目前公共建筑挖掘最深的地下工程。为了避免丰沛的地下水破坏了大剧院的结构体，混凝土灌注到60多米深的黏土层，保障抽水安全无虞。

再者，国家大剧院的壳体结构由一根根弧形钢梁组成，巨大的穹顶重达6750吨，完全没有靠一根柱子支撑，可说是克服了结构技术上的一大困难，也是目前中国跨度最大的穹顶。穹顶下包覆着3个剧场，中间为歌剧院，东侧为音乐厅，西侧为戏剧院，3个剧场完全独立，却可透过空中走廊相互连接。歌剧院以华丽的金色为主色调，设置了2398个座位；音乐厅则呈现白色清新的风格，共有2019个座位；戏剧院以丝布墙面展现传统京剧的气氛，设有1035个座位。

从外观上看，由钛合金与玻璃两种材质结合的剧院外壳，就像是缓缓拉开的舞台帷幕，夜晚时分，人们便可透过玻璃看到国家大剧院内部金碧辉煌。

完工后，国家大剧院成了中国政府迎接21世纪，宣告性的文化标志。而它面临的最大挑战是如何平衡财政收支，如何能回收将近27亿元人民币的投资，以及如何确保票价能够让普通民众进入这样的艺术殿堂。

国家大剧院的设计理念引发的纷纷扰扰能否随着时间而落幕，仍有待考验。而当我爬上景山公园，企图从景山公园眺望紫禁城的皇家建筑群与国家大剧院的关系时，发现大巨蛋的钛合金表面与当天灰蒙蒙的北京天色十分相融，它一点也没有抢走紫禁城的风采。远看时，钛合金的金属表面，呈现了北京传统胡同所谓"贵族灰"；然而当我走近，置身于它附近的胡同中，抬头却发现一颗如同外层空间来的飞行体矗立眼前，眼前的三轮车、卖大饼的大叔，还有为了配合大剧院的兴建，长达7年的施工期而导致变成危楼的民宅，与后面的巨蛋相比，画面竟如此不协调，一道墙划分了两个世界，此时，我可感觉到它的格格不入了……■

一泓碧水环绕着椭圆形的银色大剧院／张景辉摄影／Phototime 提供

到北京，说什么都得来看看 798 艺术区。

2003 年美国的《新闻周刊》评选年度世界城市时，首次把中国北京列入其中，不是因为奥运，也不是因为快速成长的经济，而是"798 艺术区的存在和发展，证明了北京作为世界之都的能力和潜力"。城市文明的潜力与发展，竟来自于民间力量造就的艺术区，也让世界对北京有了不同以往的城市印象，艺术影响力的无远弗届，真不容小觑。

798 Art Zone
798 艺术区

798 工厂，718 联合厂？

798 艺术区不只因艺术家入驻而显得特殊，也因本身拥有特殊的历史建筑而增添价值。

798 艺术区原本称为"718 联合厂"，厂房兴建的起因是由于第一次世界大战后德国战败，必须给予苏联战争赔款，而苏联便用这笔赔款援助中国盖了这个厂房。这座建筑从 1951 年开始兴建，并由德国人设计监工，总面积达 116.19 万平方米，内部分为 718、798、706、707、797、751 厂和 11 研究所（又称华北无线电零部件厂）。中国第一颗原子弹的许多关键组件和第一颗人造卫星的重要零件就是来自于这里。

它最为人津津乐道之处在于，建筑体的包豪斯风格呈现简练朴实的基调，屋顶以半弧形状相连，部分建筑采用现浇混凝土拱形结构，而内部则做宽敞、挑高设计，屋顶上成排的玻璃窗，带来了明亮的光线。这样的工业建筑群规模和建造技术水准，在当时亚洲地区都是首屈一指的，而且保存良好的程度，在中国也很少见。如今厂房外部和内部的墙上还依稀可见"毛主席万岁"等字样，刻画着时代的痕迹。然

北京市朝阳区酒仙桥路 4 号

+86-10-59789870

www.798art.org

798 艺术区位于北京的东北方，地理位置靠近北京首都机场，附近没有地铁站，可搭乘公交车 401 路、420 路、405 路、909 路、955 路、988 路到王爷坟站或大山子站下车

而 20 世纪 80 年代末至 90 年代初改革开放后，718 联合厂陷于没落的困境，2 万多名工人一下子精简到不足 4000 人，许多厂房也因为闲置而逐渐荒废了。

艺术家进驻，走出拆迁阴影

　　798 工厂为何会成为艺术区，又为何称做 798 呢？这与 1995 年中央美术学院从王府井搬迁到望京花家地有关。由于中央美院的新址离 718 联合厂很近，该校的雕塑系教授隋建国为了创作大型雕塑，就租用了 798 工厂的闲置空间来进行创作。兵工厂的特殊建筑情调、室内空间挑高宽敞的设计，以及自然采光的明亮感，加上低廉的租金，也随之吸引了许多艺术家来此建造自己的工作室。2002 年前后是艺术家进驻的高峰时期，各种与艺术相关的画廊、艺术书店、设计工作室纷纷出现，也让艺术区有了初步的样貌。

　　拥有 718、798、706、707、797 产权的七星集团在出租给艺术家使用时，便声明这片厂区已被规划为"中关村电子城"用地，2005 年年底会完成拆迁。然而随着 2002 年

颇有风尚的东八时区艺术书吧

许多艺术家、画廊进驻798艺术区后，798的工厂就有了不一样的命运。艺术家对建筑、艺术、生活的崭新诠释，改造了这些闲置的工业厂房，使这一地区在短短的两年时间里蹿升为具有国际化色彩的"SOHO式艺术区"，也成为中国最大、最具国际影响力的艺术区。一度要被拆迁的老厂房，2006年正式被政府定位为"文化艺术创意产业园区"，走出了被拆迁的阴影。

798还是798吗？

在声名大噪的同时，798艺术区也渐渐在质变当中，艺术家们原先看中的是这里的宁静空间和便宜房租，让他们能安心创作；也有的艺术家希望透过这样的平台，让自己的作品有机会在国际间发亮。只是，还没等到发亮的那天，房租就从2002~2007年已经连翻了好几倍，来自世界各地的游客也让这里不再安静。

目前，已有知名时尚品牌进驻798艺术区，餐饮、酒吧、服饰店开始在这里争妍斗奇，商业化的风潮显然已大行其道，798艺术区仿佛成为下一个纽约SOHO区。接下来，这里是否会从艺术区转为商业区，最后房租也会贵得容纳不了小书店和艺术家？许多艺术家的撤离，似乎已回答了这个问题，他们开始寻找下一个桃花源，而周边的酒厂和草场地艺术区成了另外的选择。

798还是798吗？如果你把它视为一个国际艺术品交易展示的平台，它的确是的；至于它原生且充满爆发力的艺术创作性质，在你拜访它时，别有太多期待是比较好的！■

798艺术区内的雕塑

05

一堆原本分散的砖头瓦砾被聚集在一起，以某种方式重新组织起来，不断地被赋予意义和价值，变做一处包容身体心灵、释放情感智慧、体验生命意义、感悟生存本质的场所。

——草场地艺术宣言

⊤ 北京朝阳区崔各庄乡草场地村

☏ +86-10-64326910

🖰 www.caochangdi.com

☺ 乘地铁到东直门站，换乘418路、909路或688路公交车，在草场地站下车，步行约两三个小时可以逛完全区

农村变成艺术村

造访草场地的那天早晨，我们在草场地麦勒画廊前，跟摊贩买蛋饼吃了起来；麦勒画廊还没开门，摊贩就在门前摆了桌子做生意，一位妈妈坐在那里正喂小孩吃东西，整个画面自然而然，没有半点矫揉造作。商业还没真正入侵此地，以画廊和工作室为主的草场地艺术区有股清新的气质，比邻的街坊邻居还都留有自己的生活步调。

周遭的民众知道这里有着许多画廊，亲切地为我们指引方位，虽然还看不出这里居民跟画廊、艺术家工作室之间的关联性，但他们像是各走各的道，互相平和地相处。事实上，草场地因为艺术家的到来起了很大的变化，四处都是红砖、灰砖四散的工地现场，街道旁还有着许多招租的告示，连村里的政策都在思考如何吸引更多的知名文化创意企业落脚草场地，希望将发展文化创意产业与推动新农村建设结合起来；即便周边居民不懂艺术家在做些什么，

但是他们都体会到了艺术正奇迹般的改变着草场地的风貌。

艾未未在草场地的声名鹊起

谈起草场地的红火，就不得不提到艾未未。艾未未是著名诗人艾青之子，但他斐名国际，起因还是 1999 年在草场地盖了一座灰砖私宅。与周遭的红砖民房相比，艾未未的灰砖私宅一点也不起眼，整个建筑的概念很简单，就是不需要的都没有，而该有的也没有。几个没有屋顶的方盒体组成院落，庭院里有一丛竹子、几棵垂柳和绿色草地；室内铺着水泥地板，配上简单的几件家具和装饰，别有风味。

它最令人津津乐道的就是二楼无墙的厕所，白色马桶像装置作品般静静的伫立，低造价的砖混建筑、极简的空间设计，使艾未未的私宅有一种现代的、东方的韵味，对国际人士来说"这就是中国"！国内外媒体都对这栋建筑充满了兴趣，建筑界也掀起"关于艺术家所盖的建筑"的漫天讨论。艾未未红了，找他设计房子的人多了，"建筑师"的称号也加注在艾未未身上。

就这样，北京不起眼的灰砖，在艾未未手里起了神奇的化学变化，草场地开始被关注。

尔后艺术家孙宁、叶永青等到此地发展，并随着 798 的排挤效应，2005 年，艺术家、工作室、画廊等开始进驻这里，改造一个又一个的仓库，草场地农村的景象已面目一新。至今，艾未未著名的灰砖建筑还扩及到草场地的 104 号麦勒画廊、105 号草场地工作站、155 号三影堂摄影艺术中心，以及 241 号北京艺门画廊。这四栋建筑都打着艾未未设计的名号，也充满艾未未的风格，灰砖似乎成了草场地的符号。

草场地是下一个 798？

如今，大家都说草场地是 798 艺术区的强劲对手。创立、主持草场地艺术区的艺术总监孙连刚，目前仍靠着经营艺术空间来维持经济，他思考着草场地发展三部曲，那就是先经营艺术空间，之后转为艺术品和艺术市场的经营。目前面积两万平方米的草场地已入驻了许多国内外的画廊，而大家最关注的议题就是，草场地会不会步上 798 之路，艺术区变成坐收高房租、绝佳获利的场所？孙连刚面对媒体的采访时说，草场地艺术区不会在出租房子上下工夫，我们应该进入培育艺术家的时代了。

草场地艺术区的灵魂会消失吗？一切让时间来回答吧！■

艾未未　AI WEIWEI

中国当代艺术家、策展人、建筑设计师。1957 年生于北京，1978 年就读北京电影学院，1981 年前往美国纽约进修。同时，他也担任长城脚下"建筑师走廊"（后更名为"长城脚下的公社"）的景观设计师，以及"鸟巢"设计者赫尔佐格和德默隆的中国顾问。

北京朝阳区崔各庄乡草场地村 104 号

+86-10-64333393

www.galerieursmeile.com

开放时间：星期二至星期日 AM11:00~PM6:30

以北京和瑞士为基地的麦勒画廊成立于1992年。2006年，乌斯·麦勒先生正式于草场地举行麦勒画廊的落成典礼。由艾未未所设计的大规模双层展览空间是砖混建筑群围着一个庭院，入口处为了不让人一眼望穿所有格局，特地为建筑体设计了绝妙的视角；室内简单的白色夹层空间在阳光洒落时一室明亮，让艺术作品在这里有了美好的诠释方式；游走于庭院中，则是另一种优雅的宁静。■

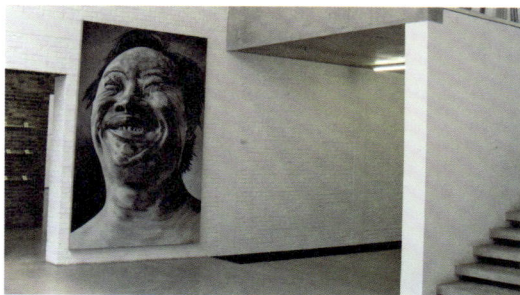

现任北京艺门画廊总监马芝安在中国定居已有 20 年，她在 2005 年 11 月成立北京艺门画廊，除了为画廊策划展览，也撰写相关的艺术文章。不约而同地，她也找艾未未设计这600 多平方米的空间。一栋栋灰砖方盒子矗立在园区，入口处以黄色围篱区隔内外，从外部的立面望去，展现鲜明的水平垂直分割线，灰色和黄色竟成了特殊的语境搭配。■

北京市朝阳区崔各庄乡草场地村 241 号

+86-10-51273220

www.pekinfinearts.com

开放时间：星期三至星期日　AM10:00~PM6:00

90

〒 北京市朝阳区崔各庄乡草场地村 155 号 A

☎ +86-10-64322663

🖐 www.threeshadows.cn

☺ 开放时间：星期二至星期日　AM10:00~PM6:00

Three Shadows
Photography Art Centre
三影堂摄影艺术中心

　　2007 年 6 月 27 日开幕的三影堂摄影艺术中心，是草场地另一道重要的风景。创办人是中国当代摄影的重要代表艺术家荣荣，以及他的妻子——日本摄影艺术家映里。荣荣在 1997 年前创办了中国第一本摄影杂志——《新摄影》，没想到 10 年后，他又与妻子创办了中国第一家以摄影和录像为内容的当代艺术中心。

　　三影堂由艾未未设计，大片参差错落的灰砖墙在开幕派对中成了最好的背景。而三影堂最特殊之处，除了常态性举办国内外主题摄影艺术作品展览，还设有当代摄影图书馆，馆内的书籍均免费提供给参观民众阅览。三影堂还拥有专业的制作中心，包括黑白传统工艺暗房、专业喷墨输出工作室，为从事摄影的艺术家提供高质量的工作和制作条件。我想，三影堂会让所有台湾摄影师都羡慕得眼红吧！■

Public

Building

建筑从来没有离中国这么近。

连市井小民茶余饭后的话题，都离不开那一栋栋拔地而起，前卫、怪异、尺度巨大的建筑。这是第一次，建筑离中国那么近，也是第一次北京市政府以全面的城市建设，让这座六朝古都向世界展现力量。

看看这几栋对民众开放的建筑——北京首都国际机场、北京天文馆新馆、北京中央电视台新大楼、北京中国银行总部大厦……负责设计这些建筑的建筑师名单里，就有好几个众所皆知的世界级建筑大师的名字，如贝聿铭（I. M. Pei）、雷姆·库哈斯（Rem Koolhaas）、扎哈·哈迪德（Zaha Hadid）、诺尔曼·福斯特（Norman Foster）……这些建筑师为中国注入了全新的概念，也为中国人民上了一堂最生动的建筑课。

套一句扎哈·哈迪德所说的："中国是一块容纳无穷创意的巨大的空白画布。"眼见北京城正面临一个新的十字路口，历史与现代、传承与创新将成为持续不断的话题，而属于中国的形象也在两个极端间不断来回摆荡，更增添话题性！

要谈北京首都机场之前，先来看一个调查。

2007 年由美国权威旅游杂志《Global Traveler》与国际航空运输协会（IATA）合作的机场评鉴调查中，首尔的仁川机场荣获最佳机场，而北京首都国际机场则以黑马之姿拿下"最大、最先进"的世界机场。

台湾呢？我不敢想下去。

在台湾建筑界眼中，桃园中正机场是许多建筑人大声疾呼必须重整的门户，但还没等到改造门户计划，北京的首都机场已在 2003 年敲定方案，以极短的 4 年时间日以继夜赶工，在 2008 年迎接奥运的到来。

世界发展之快，比不上北京变化速度之快，首都机场又是另一个证明。

世界最大的有顶建筑

打造北京首都机场的建筑师，正是设计香港赤鱲角国际机场和伦敦斯坦迪德第三机场的世界级建筑大师诺尔曼·福斯特（Norman Foster）。诺尔曼·福斯特的丰功伟业不仅于设计机场，人称"爵士"的他，在英国几乎是国宝级的人物，英国皇室为了表彰他的贡献，还册封他为终身贵族。他在世界建筑界享有盛誉，知名建筑作品遍布世界各地，完工后的北京首都机场，成为世界最大的有顶建筑，这又是他成就的另一个奇迹。

扩建的北京首都机场有多大？新建三号航站楼，依服务区域分为 T3A、T3B、T3C 3 个不同功能区域，总建筑面积达 98.6 万平方米。如果还不能想象，有些数据可提供参考，那就是，此一扩建工程是以 2015 年的使用量为目标年，每年将可满足 6000 万人次的旅客吞吐量，货

〒 98.6 万平方米
‖ 地面 5 层和地下 2 层
www.bcia.com.cn

Beijing Capital

International Airport

北京首都国际机场三号航站

07

三号航站外观效果图 / Nigel Young_Foster+Partners 提供

运吞吐量 180 万吨，飞机起降 50 万架次……这样的条件，已然跻身世界一流大型复合枢纽机场之列。由此可见，在建筑大师诺尔曼·福斯特的操刀下，北京门户从此有了崭新的意象，北京首都机场也将成为世界建筑史上的另一个焦点。

中国意象 vs. 艾菲尔铁塔

除了"世界最大有顶建筑"的称号外，北京首都机场成为众所瞩目之焦点的原因，也在于诺尔曼·福斯特的设计概念之引人入胜。

诺尔曼·福斯特观察到，古老的中国工匠们可说是伟大的船只制造师，因此北京首都机场的三号航站以船身骨架的造型整个支撑起航站的屋顶，其复合曲线组合而成的钢构外观，设计灵感正来自于中国传统的造船工艺。有人形容这个机场外观像是中国的龙，屋顶上那一片片掀起的三角形，像极了龙的鳞片；也有人说像展翼高飞的孔子鸟；甚至有人认为像躺下来的艾菲尔铁塔，这些形容词都为诺尔曼·福斯特的设计概念带来生动活泼的解释。

诺尔曼·福斯特则称这个方案为"人民的宫殿"，因为屋顶上有 155 个自然采光的天窗，照亮红、金两色渐层变化的墙壁与天花板。红色的屋顶、金色的内装，很容易令人联想到紫禁城，这样的设计不仅传达了浓厚的民族传统，也颠覆了一般国际机场现代而白冷的色调。诺尔曼·福斯特说："当你沿着机场走的时候，墙壁和天花板的颜色会从红色转变为金黄色，也代表着中国传统色系的渐变。"

无怪乎从设计概念图发表后，诺尔曼·福斯特的设计几乎无异议地获得了众人的认同，比起保罗·安德鲁设计国家大剧院的纷纷扰扰，北京首都机场建筑案显得顺畅多了。只能说诺

三号航站候机大厅／Fiona 摄影

07

首都机场候机大厅／Fiona 摄影

诺尔曼·福斯特　NORMAN FOSTER

1935年出生于英国曼彻斯特，1961年于曼彻斯特大学毕业后，进入耶鲁大学攻读硕士。1967年创立 Foster Associates 事务所，作品遍布全球，得奖无数。于1997年被英国女王列入杰出人士名册，获功绩勋章（Order of Merit）；1999年获建筑界最高荣誉——普立兹克建筑奖，同年受皇室册封终身贵族荣誉。

www.fosterandpartners.com

尔曼·福斯特掌握了中国文化的传统元素，并精准地结合现代建筑的理念，同时还满足中国人的期待，可谓高超也！

设计以合理、舒适为出发点

此外，娴熟于机场的流程与结构，也是诺尔曼·福斯特的优势。借由设计过香港赤鱲角国际机场和伦敦斯坦迪德第三机场的经验，让诺尔曼·福斯特在第三次接手此一巨大机场改建案时，对结构体系有了更好的掌握。

在整个规划体系中，三号航站的完工，使北京首都机场的三个航站楼相连，配合采取轨道交通的捷运系统，旅客可自由往返任一航站，无论办理登机手续，或上下飞机，除了缩短路程外，也大大节省了登机时间。同时在设计上，诺尔曼·福斯特刻意减少楼层的变化，他将国内和国外区域分开，转机只需一层换乘，结构简单，却十分便民。

三号航站的设计与建材使用，均依循环保节能原则，比如可充分采光的 155 个天窗、轻型构件的屋顶结构、可汇集雨水的调节水池、让冷气重复利用的空调系统，都在强化诺尔曼·福斯特认为机场设计所应符合的原则——合理、舒适、节能、便利。

诺尔曼·福斯特的设计不仅在概念上具说服力，实用性、环保节能等细节也能兼备完善、不遑多让，大师的称谓，可说其来有自。■

Foster+Partners 提供

一个是 1978 年所设计的北京香山饭店，另一个则是 2001 年 4 月完工的中国银行总部大厦。两个个案的设计概念都与江南园林有关，也诉说了小时候曾居住在苏州名园狮子林的贝聿铭如何受到江南的古建筑及中式园林潜移默化的影响，在他有机会为中国设计建筑时，江南园林的意象都被他转换成了现代建筑的语汇。

贝聿铭的中国银行情结

1978 年贝聿铭所设计的香山饭店在当时有多重要呢？只要论及中国现代建筑的发展，评论家们都会提到贝聿铭的设计所带给中国的刺激。原因在于，贝聿铭并非模仿传统，在外观上复制一个像帽子般的中国屋顶，而是将江南园林转换成一种现代的意象、一种现代主义的语汇，不但为中国建筑界带来了震撼，也让贝聿铭在当时受到极大的赞誉。

时间往后推 22 年，当 84 岁高龄的贝聿铭完成了中国银行总部大厦这件作品，在那中庭里，还是可以看见贝聿铭难掩他对江南园林的喜爱，而他与中国银行之间，可还有一段鲜为人知的故事。

这段故事与他父亲有关。原来，贝聿铭的父亲贝祖诒曾担任中国银行行长，1999 年，贝祖诒到香港出任中国银行香港分行的总经理，那时才两岁的贝聿铭，就常到中国银行去玩。但任谁也没想到，长大后的贝聿铭没有选择父亲期待的金融业，反倒成了建筑师。而在他 65 岁那年（1982 年），拿到了中国银行香港分行大厦的建筑设计竞图；80 多岁时，再接获中国银行北京分行的邀请，虽然当时他已退休，却

〒 北京阜成门内大街 410 号

‖ 地上 15 层，地下 4 层，其中南面和东面为 12 层，高 44.85 米；北面和西面为 15 层，高 57.50 米

☺ 搭地铁至阜成门站，沿阜成门内大街方向步行约 10 分钟

中庭的玻璃天窗

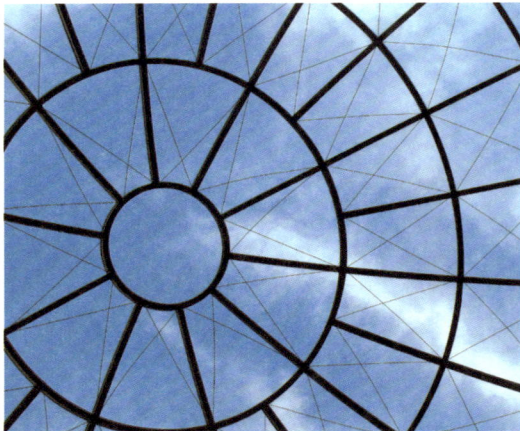

也慨然允诺，毕竟因为父亲的关系，他对中国银行可是有着很深的情感。

建筑轻盈的秘密

这栋蕴涵中国传统风格的中国银行总部大厦，位于北京长安街西单路口，离故宫约两公里距离，楼层高度就控制在北京城市规划的限制内。这栋地下4层，地上15层的建筑，屋顶高度达57.50米，由于贝聿铭不希望它予人厚重感，因此便将内部挖空，布置成现代的中国园林，外部则覆以透明玻璃，让路过的人们在外面能望见里面的空间设计，也令整个体量显得通透而轻盈。

轻盈的效果还来自于玻璃顶的设计，由下往上看，贝氏著名的"玻璃高顶式几何结构"赫然再现。在他的设计生涯中，光线、几何的运用，都是其招牌，"让光线来做设计"更是贝氏的名言，这些也完全体现在中国银行的设计上。外形似16个金字塔组合而成的铝合金玻璃天窗的大厅屋顶，不靠半根柱子的支撑，天光冉冉洒下，整体空间开阔、明朗、宏伟、大气。从不同的角度观看，室内空间就呈现多种不同的几何线条组合，丰富的视觉性，令人折服于现代建筑的巧夺天工。

张大嘴巴赞叹之余，竟忽略了3625平方米、以钢网架为骨架的铝合金玻璃天窗，总重量达400余吨，究竟是怎么装上去的？原来，这个长跨度的工程技术是与德国公司合作的结果。他们先将4个金字塔状的框架组合成1个结构模块，在屋顶上先行组装后，再利用轨道将这个模块逐步滑移到位；这样一来，也省下了从地面层到天花板之间大量鹰架的搭设费用。

08

来自云南的奇石

在玻璃天窗透射的天光底下，是点缀着山水、花石，及栽种着来自杭州翠竹的四季大厅。传统中国园林的元素——流水、奇石、花草植物，都在此具足了。庭园内还有一个焦点，那就是 7 块来自云南的石头。由于贝聿铭特别喜欢云南的石头，因此他的同事特地跑到云南挑选适合摆置在中国银行大厅的奇石，这些采集自云南石林国家公园保护区、重达 5~10 吨、各自拥有特殊棱角与线条的奇石，被放置在一个约 38 厘米深的水池中时，随着上方天光云影的变化，再加上那如 16 个金字塔般组合而成的玻璃天窗几何线条，都丰富了中庭的视觉尺度。

对于贝老设计的这座现代化银行建筑，我喜欢它的内部空间更甚于外观设计，使内庭成为光庭，利用光与空间的结合，加上几何线条，幻化出多变的面貌，更显现了贝老之所以是贝老的功力！■

贝聿铭 I. M. PEI

1917 年出生于广州，祖籍苏州，美籍华人建筑师。10 岁随父亲至上海，18 岁高中毕业后至美国就读宾州大学，而后转学至麻省理工学院，并于 1940 年毕业，1946 年获哈佛大学建筑硕士。曾任齐氏威奈公司（Webb & Knapp）专属建筑师，1955 年将建筑部门改组为贝聿铭建筑师事务所（I. M. Pei & Associates），并开始独立执业，1989 年事务所再度更名为 Pei Cobb Freed & Partners。1983 年贝聿铭荣获建筑界最高荣誉——普立兹克建筑奖。

www.pcfandp.com

☰ 北京西直门外大街 138 号

🕿 +86-010-68312570

🖳 www.bjp.org.cn

☺ 搭乘地铁到西直门站，步行约 20 分钟可到达

"源自相对论的设计理念……"

"像是浩瀚宇宙的缩影，有一种神秘而深邃的气质……"

还未造访北京天文馆前，被报纸杂志所介绍的北京天文馆新馆所吸引。报道中陈述的建筑概念与天文馆的内涵深刻呼应，从照片上看来，建筑立面上那惊人的"虫蚀洞"，就像黑洞般，令人不禁想一探究竟。

而当我真正站在"虫蚀洞"下方，眼看巨大的玻璃弧度一路扭转着；眼睛、脖子忍不住

王弄极

毕业于东海大学建筑系，1987 年获美国耶鲁大学建筑学硕士。1993 年于洛杉矶设立 Amphibian Arc 建筑事务所，专注于公共建筑以及大型商业设计。2004 年设计完成的北京天文馆，在 2006 年荣获美国建筑师协会洛杉矶分会的设计荣誉奖。

www.amphibianarc.com

也跟着旋转，并发现北京天文馆新馆以一种特异的姿态矗立眼前，很前卫地述说现代天体物理学的抽象理论。这是来自爱因斯坦相对论的原理——凡是大质量物体的引力都会促使周边的空间纹理被扭曲。而这一扭曲造成的"虫蚀洞"，也将一旁有着白色穹顶的天文馆旧馆纳了进来，两者的关系像一阴一阳的太极。建筑师王弄极说，如果将旧馆视为天体，那新馆应是围绕在其周围的时空。

可惜的是，这个白色穹顶的旧馆，外部被包覆绿色围篱，此刻正进行施工，不能进入参观。然而充满古典气息的白色穹顶却散发出一股宁静的气息，默默吸引游人的目光。有点遗憾没有看到它完工后被复原的样貌，因为旧馆可是在众人请命下被保留下来的旧建筑。

差点被摧毁的北京天文馆旧馆

完建于 1957 年的北京天文馆旧馆，当年堪称亚洲的第一大馆，其独特的建筑风格被收录进国际组织所编写的《世界建筑史》；负责建造的建筑师更是鼎鼎大名、被称为"新中国一代建筑大师"的张开济，他同时也是中国知名建筑师张永和的父亲。

张开济所设计的天文馆是中共建国后在北京的第一批大型建筑之一，他在建筑外观上采用西方古典式的构图手法，其均衡、对称的造型语言，可说是 20 世纪早期中国天文馆的代表作。

当 1998 年夏天，报刊媒体报道相关部门决定爆破、拆除天文馆，并在原地重建新馆时，

竟兴起了一场与天文馆告别的热潮。参观者络绎不绝，人数达往常的三四倍之多，就连建筑界和天文界的专家学者也反对拆除，众人皆认为这是一栋具有纪念意义的国家文物，社会舆论沸沸扬扬。而舆论一起，竟也让政府决定了保留旧馆，在旁再盖一栋新馆的计划，并列为北京市政府 2001 年 60 项重点工程项目之一。2001 年 3 月，在保留旧馆的前提下，北京天文馆新馆建筑设计方案进行招标，中国航天建筑设计研究院与美国王弄极建筑事务所合作的方案中选，并在 2004 年 12 月完工。

东海建筑系毕业的华裔建筑师

说起设计天文馆新馆的这位建筑师，生于台湾，也成长于台湾，是否也可称得上"台湾之光"呢？他，拥有一个很东方的名字——王弄极，毕业于东海大学建筑系，之后赴美深造，获美国耶鲁大学硕士学位后，于 1993 年在洛杉矶成立事务所，也因为北京天文馆项目的完工，而受到各方瞩目。

天文馆新馆被北京官方选为 2008 年奥运宣传短片中出现的新建筑之一，堪称另一个北京新地标。

王弄极会拿到天文馆设计权，其实并非偶然。他高中时就阅读爱因斯坦的相对论，对天文学、物理学显露了浓厚的兴趣，因而其建筑理念与天文学相扣合，在建筑立面上用双曲面玻璃、金属等现代建筑材料，构筑出相对论中，关于大质量物体的引力使其周围空间弯曲的理论；其新颖的现代建筑样式，既与古典、稳重的天文馆旧馆形成对比，也因扭曲如涵洞般的曲面玻璃，在意涵上容纳了球状的旧馆大圆顶。

进入天文馆，可以看到从外部扭曲进内部的玻璃帷幕墙，里头有数个形状不规则的 U 型玻璃体穿出，这样的设计概念是来自于"弦体理论"中弦体结构的数学模型片段。"弦体"内部被规划为 3D 太空剧场、4D 环幕影院和其他走道、电梯等空间，这些扭曲的曲面玻璃体，恰巧与宇宙的起源、天体运行等科普知识相互呼应。

离开天文馆时，北京的天空还是雾蒙蒙一片，这天刚好是星期日，从北京动物园这个方向望过去，茫茫人海、车海后的北京天文馆新馆，此时也成了茫茫宇宙的一部分。然而，那个黑洞真的既神秘又深邃，一不注意，眼光就又被吸了进去。■

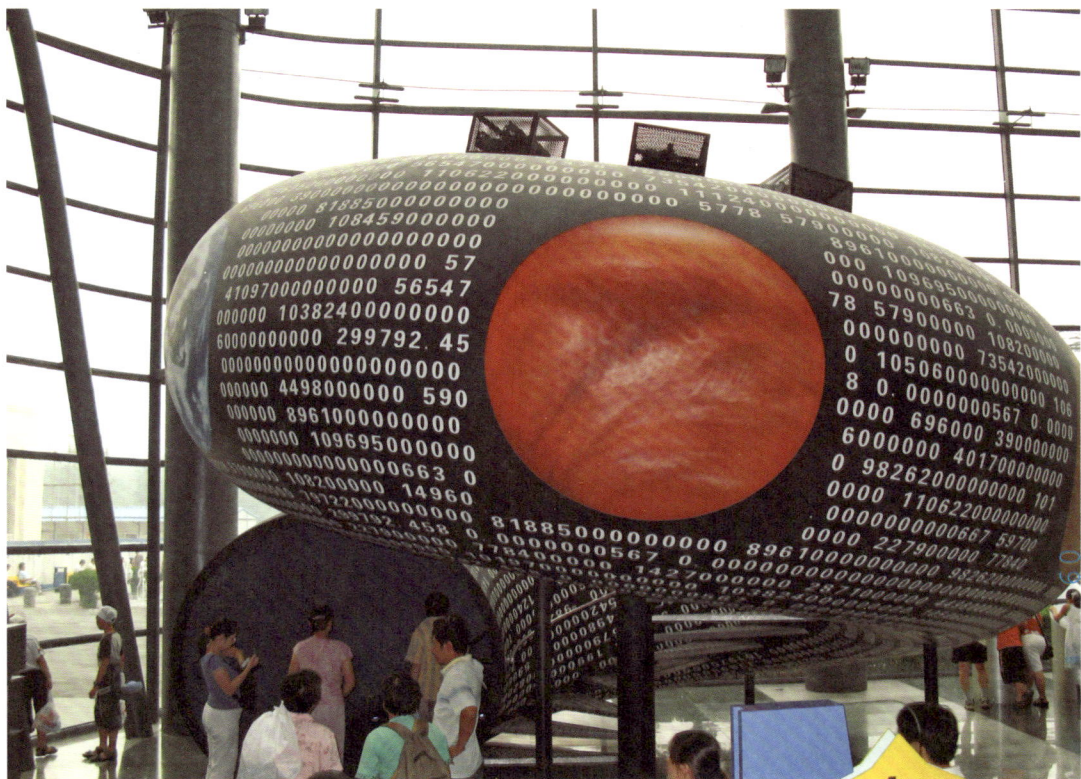

当出租车驶上东三环时，前方赫然出现了传说中的中央电视台（CCTV）新大楼，两座塔楼耸立天际，我拉下车窗不断按下快门，每几秒就看见窗口中的新角度，两塔楼之间的悬臂不自觉在我脑海中被连接起来，仿佛感受到完工后的样貌，视觉的震撼让我一边拍照一边赞叹画面里前卫的概念。

⊤ 朝阳区东三环中路 32 号
∥ 49 层，总高度 234 米
☎ +86-010-68500114
⌂ www.cctv.com
  http://cctvenchiridion.cctv.com
☺ 搭乘地铁 10 号线至金台夕照站，出站即可
  看到 cctv 新大楼

CCTV New Building

中央电视台新大楼

10

世界建筑师的实验场

　　我是如此轻松以对，用欣赏的眼光看待这栋在建筑史上前所未有的摩天楼，然而就是这样前所未有的前卫性，让它在中国掀起滔天巨浪，能与之并论的，是同样备受攻击的国家大剧院。两者被批判的共同点都在于——高造价、体量巨大、无法融入周遭环境的设计，并让部分建筑评论人士质疑："中国是否成为世界建筑师的实验场？"而拍手叫好者，则将中央电视台、国家大剧院以及国家体育馆（鸟巢），并称为21世纪中国新建筑的三大工程。

　　也许是因为荷兰建筑设计师库哈斯（Rem Koolhaas）的高知名度，使得人们对他的设计概念采取了更高的标准来评价；但中央电视台的结构实在太大胆了，那么明显的地标，甚至有人担心其会成为恐怖分子的目标。再者，高达50亿人民币的花费（后来为了抗震，据说金额增加到100亿），究竟以中国的经济能力是否真的能够负担？批评者也指出，外观扭曲，如一个巨门般的大楼，与周遭景观如此不协调，中央电视台有必要以这样的建筑物来让人们认识或记忆它吗？这些争论与反弹声浪之大，也让荷兰建筑师库哈斯成为北京民众茶余饭后的热门话题。我开始怀疑，不知聪明如库哈斯者，是否早已算计到这场在北京的建筑革命而得意洋洋呢？

放弃追求高度的摩天楼

　　中央电视台的特殊性，在于外观之奇，也在于概念上的呈现。两栋塔楼有230米高（相当于近80层高的住宅），分别以10度倾斜，

建设中的 CCTV 新大楼

10

在高空中由 15 层悬臂连接，而底部则有 10 层裙楼，并包括 3 层地下室。在高楼林立的北京 CBD 区域，中央电视台不像其他摩天大楼以不断增高为目的，希冀夺得"暂时第一"的美誉，建筑师反而认为，高度竞赛并无意义可言，因此放弃了高度上的追求，而以独特的形体吸引大众的眼光。

整个基地包括中央电视台（CCTV）、电视文化中心（TVCC）和梅地亚公园，分为四个功能区域：一区为中央电视台办公大楼，包括行政管理、新闻、制作、播放、综合服务、停车及内部设施；二区则是电视文化中心，包括酒店、参观中心、剧场和展览空间；三区梅地亚公园，是拟建的 CBD 绿色中轴线的延伸；较小的四区，主要是用来建设安全设施和专用停车场。整个位置关系是这样的，你可以透过中央电视台那个像门的"大窗"看到电视文化中心，而梅地亚公园则位处它们之间。在一般民众看来，中央电视台外观结构像一座巨门，设计上似乎只一味追求建筑外形，没有考虑内部使用功能。但事实上，库哈斯思考的是一个环状的流线，能加强各部门的相互关系以及建筑本身与城市的关系。完工后，可容纳 10000 人在里面工作，俨然一座自给自足的小城市。中央电视台也会对外开放参观，半空中连接两个塔楼的悬臂部分，地板将以透明玻璃为材质，让你得以在 234 米的高空鸟瞰地面风景，也许你可以来这里试试胆量。

雷姆·库哈斯　REM KOOLHAAS

1944 年出生于荷兰鹿特丹，曾担任过记者、剧本创作家，后转行做建筑。1972 年毕业于英国 AA 建筑联盟，1975 年成立 OMA 事务所 (Office For Metropolitan Architecture)，2000 年荣获建筑界最高荣誉——普立兹克建筑奖。曾出版《癫狂纽约》(Delirious New York)《S, M, L, XL》《Content》等书，对建筑与城市关系的研究提出大胆的策略，而有"建筑界的思想家"称号。

方振宁摄影

年轻的魄力和实验性

话说回来，2002 年 12 月 20 日那天，库哈斯为何能一举得标，击败 KPF、SOM、伊东丰雄等知名建筑师呢？更令人意外的是，库哈斯的提案竟获得了全数评委一致通过，评委们说："这是一个不卑不亢的方案，既有鲜明的个性，又无排他性。作为一个优美、有力的雕塑，它既能代表新北京的形象，又可以建筑的语言表达电视媒体的重要性和文化性。其结构方案新颖、具可行性，将推动中国高层建筑的结构体系及思想上的创新，不仅能树立北京中央电视台的标志性形象，也将翻开中国建筑史新的一页。"

一致的溢美之词，决定了中央电视台在 21 世纪中国的命运。连建筑师库哈斯本人都坦承，这样的方案能在中国实现，部分原因是因为中央电视台的决策者较为年轻的缘故。符他比较了自己与其他业主合作的经验，发现美国建筑的决策者平均年龄在七八十岁之间，而中央电视台这个方案的决策者，年龄却都在 45 岁以下，年轻的族群显露了较为大胆的实验性格，也促成了此方案的成功。

2008 年奥运期间，看到由中央电视台转播奥运赛事的现场实况；而同时，中央电视台那座歪斜的 Z 字型、超量体的城市雕塑，自然也成为被世界转播的对象。看与被看之间，它已夺得了世界上最大的注目。■

10

Beijing Planning Exhibition Hall
北京规划展览馆

〒 北京市崇文区前门东大街 20 号（前门老火车站东侧）

📞 +86-10-67017074

🖥 www.bjghzl.com.cn

$ 参观本馆人民币 30 元，若想参观 3D、4D 多媒体影院则
需另购票，每场人民币 10 元

☺ 搭乘地铁至前门站，所在位置附近可见到毛主席纪念堂，
以及中国最高的箭楼——正阳门箭楼；而位于十字路口
另一端，则是老北京的标志建筑——前门老火车站。邻
近处一栋现代格栅建筑，便是北京规划展览馆之所在。

☺ 开放时间：星期二至星期日 AM9:00~PM5:00

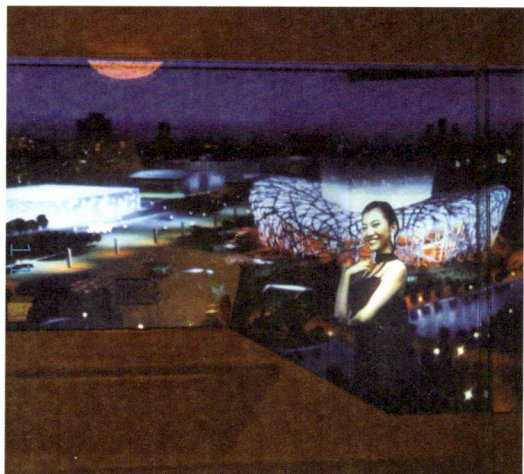

　　据说居住在北京的人，能在北京规划展览馆透过望远镜，看见自己家的模型就位在展馆中，这是北京规划馆自 2004 年开幕以来最大的噱头。1:750 比例的真实模型，展现北京城市的规划蓝图，尺度之大，令人颇感震撼。

　　另一个噱头则是由世界知名女建筑师扎哈·哈迪德（Zaha Hadid）所设计的"未来家居"样品屋，由 SOHO 中国公司赠送给北京规划展览馆，其流线型的未来家居样貌，在开幕时引起媒体报道的热潮。可以说，作为中国市民、外国观光客认识北京的前导站，北京规划展览馆为了迎接 2008 年奥运而摩拳擦掌，已做了万全准备。

　　北京规划展览馆的所在位置有着特别浓厚

的历史人文氛围，附近坐落着毛主席纪念堂、建于明朝的正阳门箭楼，以及老北京的标志建筑——前门老火车站。在这样的区域展示北京3000多年的建城史和850年的建都史，以及未来奥运中心区、商务中心区等规划建设，很有站在历史浪潮上笑看风云变幻之感。

展馆共四层楼，展区内容规划：北京古城变迁展区、北京历史文化名城保护展区、北京历次总体规划介绍、商务中心区、奥运中心区等。

一楼除了展示奥运会会旗，还有一个《北京湾》青铜雕塑展示，1:60000的比例真实再现了北京小平原三面环山、形如海湾的地理环境特征。而位于展馆三楼的北京城市规划模型展，面积有1300平方米，以1:750的比例真实呈现北京城的现在与未来样貌。

上二楼，便能看到墙上的《北京旧城》青铜浮雕。雕塑以1:1000比例制作，高10米，宽9米，展现1949年北京城市的整体格局和特征，包括11.8万间房屋、60000多棵树，以及大量胡同和河湖。二楼展厅是依照北京的行政版图分隔成的独立空间，以时间轴标示出

各个行政区的历史及规划蓝图。

三楼西区是北京古城变迁展区，展出汉代的井圈、明清的城砖、望柱头等实物，以及标准四合院、门楼等模型，并辅以大量照片和地图呈现北京古城的变迁。东区则以1:750比例呈现北京城市规划的超大模型，这些模型是200多人花费6个月时间完成的，展馆还设置十几部望远镜方便民众观看细节。

四楼是英国女建筑师扎哈·哈迪德设计的未来家居，目前已更名为"宜居北京"，在封馆后重新对外开放，并置入了现代与古典家具，企图呈现温馨样貌。不过，老实说，现场加入的布置大多是目前北京主流的居家品味，在看到银色的冰箱上放了块白色塑料布时，我想我还是喜欢原来的空无一物，地板、墙、门都消失，全然流线型的室内空间。此外，四楼还设有立体影像播放厅，不时播放着简述北京850年建都史的影片《不朽之城》。

如此一到四楼游逛一轮，便在两到三个小时之内看尽了北京的过去、现在与未来。当你听到新闻里说，北京的建筑开工面积已经超过欧洲开工面积的总和，也别太惊讶，因为在这里，你将一目了然关于这个城市的巨大变化。而那些仿真的模型，企图组构未来北京的样貌，说真的，在看到这些建筑接近完工之际，我还是觉得，这个城市怎么可以如此科幻，仿佛在一夕之间变了样……■

扎哈·哈迪德所设计的"未来家居"，现更名为"宜居北京"

在北京，你不一定能拿到免费的旅游地图，但却可以拿到免费的房地产地图。

当我企图找寻下个采访地点时，却在打开地图的一刹那，被一整页像海报大小的北京房产地图所震撼。地图上几百个数不清的点，清楚地标示着北京新完工或将完工的别墅、商住大厦等位置，背面则详细标注不同区域的开发商名字、价钱、工程进展状况等讯息，这让我意识到北京房地产此刻正以极快的速度蓬勃发展。放眼世界，像这样"万丈高楼平地同时起"的景况，还真找不到另一个城市建筑设计有这样类似的发展史。

而当大家都将眼光放在北京因奥运而兴建的公共建设时，其实房地产建筑更是在 2002 年后影响北京建筑观念的另一重要趋势。除了私人住宅的当代建筑博物馆——"长城脚下的公社"成功获得国际注目，带动了一系列大陆房地产的新操作模式外，这股风潮竟也在 2007 年延烧到台湾，已有开发商打算循"建筑师集体创作"的模式，在北部贡寮操作别墅房产的设计；而打响 SOHO 名号的"建外 SOHO"所创造的商住两用之北京新住居模式，也早已被大量复制。同时，国际知名建筑师史蒂芬·霍尔 (Steven Holl)、隈研吾 (Kengo Kuma) 也在此时加入了战场……

就这样，一个个"概念地产""文化地产"的出现，让 21 世纪的北京房地产业，泛起了一个又一个涟漪，建筑概念上的前卫观念能否改变北京市民的住居行为，这还真是另一场令人期待的建筑革命啊！

Comm

Const

rcial

uction

走进建外 SOHO，竟是很轻盈、舒适的感受。

按理说，商业、公寓大楼集聚的地方，很难予人轻松感，然而建外 SOHO 却以白色建筑体，带来了轻量薄透的感觉，也在北京开启了 SOHO 式住宅和生活模式的房产概念，看看在这概念下的数据：

★ 2002 年，建外 SOHO 以 24.1 亿元人民币的销售额，高居"新浪网 2002 年热销楼盘排行榜"第一名，成为该年度全国房产销售冠军，被称为"中国楼王"。

★ 2003 年 11 月，建外 SOHO 以其超越传统的建筑理念荣获中国第五届住交会"中国名盘建筑创新大奖"。

★ 2003 年 12 月，在《新地产》举办的"全国 100 家黄金商铺"评选中，建外 SOHO 当选"2003 中国铺王"。

从这些加诸于建外 SOHO 的"楼王"、"铺王"称号，可得知在 2002~2003 年之间，建外 SOHO 是如何以横扫千军之势，在中国掀起了地产界的滔天巨浪，也引发连串效益。而建外 SOHO 的开发商——潘石屹和张欣，正是以"长城脚下的公社"在威尼斯双年展获得"建筑艺术推动大奖"、名气响当当的人物，随即又以建外 SOHO 写下另一个纪录，再度发扬"用文化做地产"的时尚概念。

当年在"山本理显设计工场"任职，而到北京负责此项目的建筑师迫庆一郎提到，这个 SOHO 案的概念在日本并不被业主采纳，没想到能在北京实现，让他们事务所感到很振奋。

Jianwai SOHO
建外 SOHO

〒 北京市朝阳区东三环中路 39 号（位于国贸中心对面）

◿ 约 70 万平方米（含地下面积）

☺ 搭乘地铁至国贸站，便可到达

⌂ www.sohochina.com / jianwai/

建筑 SOHU 夜景 / SOHU CHINA 提供

整个建筑群由 20 栋塔楼、4 栋别墅、16 条小街组成，而这些小街道让建外 SOHO 成了像迷宫一样的街区小城。这个概念源自于山本理显特别私爱的一个摩洛哥城市，在那儿，所有可能的存在，包括人、驴、羊、店铺、清真寺、餐馆、薄荷和烟草的香味，还有人体发出的异味，都混杂在一块。整个城市就像迷宫般，却自然满足了生活所需的一切。

山本理显认为，打造一座城市的建筑，并没有必要规定哪边是商业区，哪边是公共区或住宅区，所以他把一条条街穿插到一栋栋建筑里，让整个建外 SOHO 不是封闭、单调、分门别类的特定区域，而是混合住家、店铺、办公种种功能的弹性化场所；而不规则的小街设计，也企图营造出游走迷宫、随处惊喜的感受。

此外，建外 SOHO 没有围墙，任何人都能来这里享用公共设施，这个概念被潘石屹称为"民主时代建筑"，打破了"围墙里是富人，围墙外是穷人"的观念，让建筑成为社会的一部分。另一个为人津津乐道的特点是山本理显将建筑体向南偏东转了 30 度，有别于北京正南正北的规律朝向，让建筑体在排列上呈现错落的视觉感，不但避免了日晒问题，住户也因此不必对门相望，而能拥有隐私。再者，白色的建筑外观，也摆脱了北京对中国传统的"红色情迷"，走向现代化的白色时尚。

这样的开始，不但为原有的房产概念灌注了新活力，也启发市民另一种新居住模式的可能性，并让北京的建筑经营迈向新的里程。■

山本理显　RIKEN YAMAMOTO

1968 年自日本大学理工学部建筑学科毕业，1971 年成为东京艺术大学美术建筑专业研究生，同时担任东京大学生产技术研究所原广司研究室的研修员。1973 年设立山本理显设计工厂。日本建筑学会会员、日本一级注册会计师。

www.riken-yamamoto.co.jp

北京市东城区东直门香河园路1号

22万平方米（住宅区13.5万平方米,配套商业空间8.5万平方米）

搭乘地铁至东直门站，出站后延香河园路步行即可到达

www.china-moma.com/dangdai/

当代 MOMA 施工过程 /Copyright Iwan Baan 提供

当代 MOMA 模型图／Courtesy Steven Holl 提供

北京当代 MOMA 概念图／Courtesy Steven Holl 提供
像马蒂斯 (Henri Matisse 1869~1954) 的作品《舞者》
（"Dance" 1910）所绘，让人们手牵手连接在一起舞动

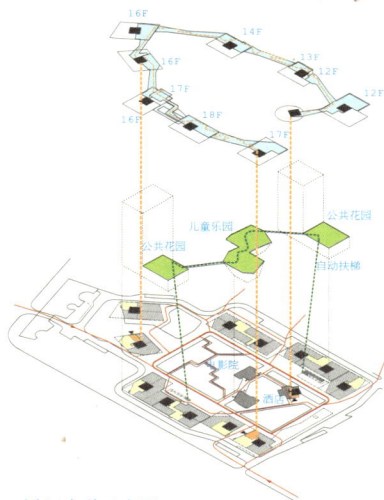

MOMA 循环步道示意图／Courtesy Steven Holl
Architects 提供

当代 MOMA 设计草图／Courtesy Steven Holl 提供

13

健身房
水疗中心
人口
咖啡厅
图书馆
画廊

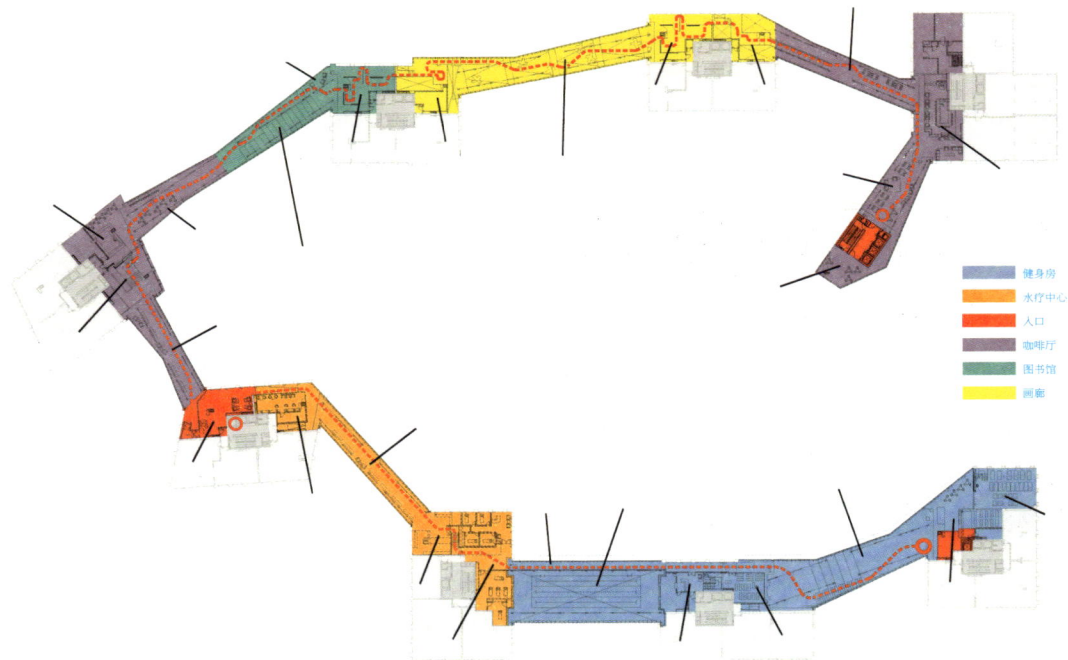

北京当代 MOMA 平面配置图／Courtesy Steven Holl Architects 提供

史蒂芬·霍尔 STEVEN HOLL

出生于 1947 年，毕业于美国西雅图华盛顿大学 (University of Washington)。1981 年开始任美国哥伦比亚大学建筑学院教授，现获聘为该校终身教授。作品获奖无数，2001 年被《时代周刊》命名为美国最杰出的建筑师；同年获巴黎建筑学会最高荣誉奖章；2003 年获英国皇家建筑师协会授予"荣誉资深会员"。

---

www.stevenholl.com

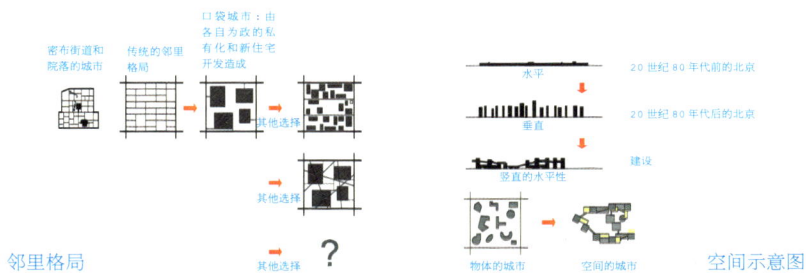

邻里格局   空间示意图

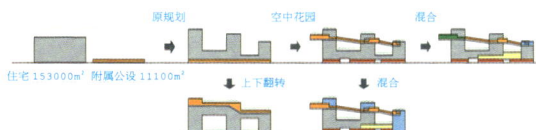

当代 MOMA 的开放社区和混合功能／Courtesy Steven Holl Architects 提供

13

不像其他房产开发的建筑师将现代公寓独立成栋，当美国知名建筑师史蒂芬·霍尔（Steven Holl）在2005年底公布了"当代MOMA"的设计概念，又为北京带来了另一次"观念地产"的震撼。能想象吗？马蒂斯画里的《舞者》，正是"当代MOMA"建筑体呈现的样貌，马蒂斯画中舞者手牵手的意象被化成了以空中廊道连接的建筑体。

史蒂芬·霍尔所设计的"当代MOMA"在16~18层的高空，通过空中廊道将8栋建筑连接，人们可以在这些廊道中相遇；并对外开放，提供非居住者在这里观看城市景观的机会。此一大胆的设计概念打破了北京目前多数的精品房产所强调的私密性，而试图恢复"串门子"的北京胡同生活特色，将居住空间重新定义为一种开放性、拉近人们距离的城市生活空间。

如此拥有700户公寓的城市空间，所有生活配套应有尽有，包括电影院、画廊、健身房、餐厅、图书馆、购物中心等公共设施，在步行可达的距离内，住户们就能轻松享受所有生活配套设施。史蒂芬·霍尔认为"远离车海"是21世纪人们最重要的居住需求，因此在设计上希望让居住者摆脱对交通工具的依赖，并从拥挤的塞车车阵中解脱。同时，为了打造21世纪的居住典范，当代MOMA在绿色建筑的环保节能技术上也做了努力，大规模使用高科技的节能技术。例如采用全世界最大的"地源热泵系统"（在建筑结构下方利用高位能使热量从低位热源流向高位热源的节能装置）、"外遮阳系统"、"天棚辐射制冷和采暖系统"等，这些呈现科技主题的房产设计，在2005年还获得由"美国绿色建筑委员会"（US Green Building Council）颁发的LEED-ND（Leadership in Energy and Environment Design）卓越奖，成为亚洲唯一绿色生态小区的表率。

从外观来看，当代MOMA采用磨砂氧化铝板的立面，而使整个建筑体显得十分轻盈。当空中走廊将8栋建筑连接成环状时，向下望，与小区中央的艺术电影院漂浮在水面相映成趣，环状的城市立体建筑空间俨然成形。而这个前卫的房产设计，也在2005年被美国《商业周刊》杂志评为中国当代十大建筑奇观之一。■

当代MOMA施工过程/Copyright Iwan Baan 爱生

　　三里屯堪称是撑起北京夜晚时尚经济一片天的重点商圈。有人这样估算，在三里屯方圆一公里的范围内，就云集了北京 60% 以上的酒吧。而这个区域在政府的推动下，从 2004 年开始拆迁旧房，将原本以酒吧闻名海内外的街道，改造成结合购物、酒店、酒吧、艺术等多功能于一体的休闲、文化、艺术创意街区。

　　占地面积达到 5.26 万平方米的"三里屯Village"采取"建筑师集体创作"方式，各种风格彼此争妍斗奇，主要领军的总建筑师便是在"长城脚下的公社"以"竹屋"为大众所熟知的日本建筑师隈研吾 (Kengo Kuma)；参与建筑设计的有，日本新锐建筑师迫庆一郎 (Sako Keiichiro)、以开创性作品闻名的松原弘典 (Hironory Matsubara)，以及欧美建筑先锋 Christopher Sharples 与 Ada Tolla。整个计划未演先轰动，吸引众多国际知名品牌纷纷进驻，由此可见，三里屯未来将被视为北京最国际化的消费区域，与国贸、燕莎等东部商圈形成铁三角。

　　整体规划里，三里屯的一整条酒吧街仍被保留，在酒吧街的西侧才是建成面积约 5.2

　　⊤　北京市朝阳区三里屯路

　　◿　8000 平方米

　　☺　三里屯商圈地处东二环和东三环之间，东临地铁 10 号线的团结湖站。

　　⌘　www.thevillage.com.cn

三里屯 Village 效果图／三里屯 Village 提供

三里屯 Village 之北京格子

14

万平方米的"三里屯Village"。三里屯Village分为南北两区，北区为高档商业住宅、五星级酒店和国际品牌旗舰店；南区则是时尚文化休闲消费中心，包括艺术文化酒吧区、潮流区、文化广场、博物馆和时尚大道等，街区内所有建筑均为4层楼高，限高18米。

北京格子／广松美佐江摄影／北京和创团分制作有限公司提供

三里屯Village之北京格子

其中由迫庆一郎所设计的南区S 1、3、5栋，便是新三里屯酒吧的集中区域。因应业主希望能运用中国元素来做设计，迫庆一郎想到了以北京特有的老窗户作为外立面意象，利用窗棂格透过光影造成空间的层次感，而材质则改为铸铁，重现窗棂的现代风情。同时，考虑到酒吧总在夜间聚集最多人潮，为了让建筑在夜晚也能明亮炫目，加上中国人特别喜欢代表尊贵的黄色，所以迫庆一郎运用表面凹凸不平的金色镜面不锈钢，来达到光影反射的效果。这样一来，靠着金色镜面捕捉不同时刻的光影变化，建筑立面在白天和黑夜就展现了不同的面貌。迫庆一郎还为这个设计取了一个很有味道的名字，唤做"北京格子"。

新三里屯不再只是酒吧的代名词，而是汇集了各种混合式风格的北京新地标，它在2008年北京奥运之际，整个的改头换面，成为北京最重要的24小时时尚娱乐中心。■

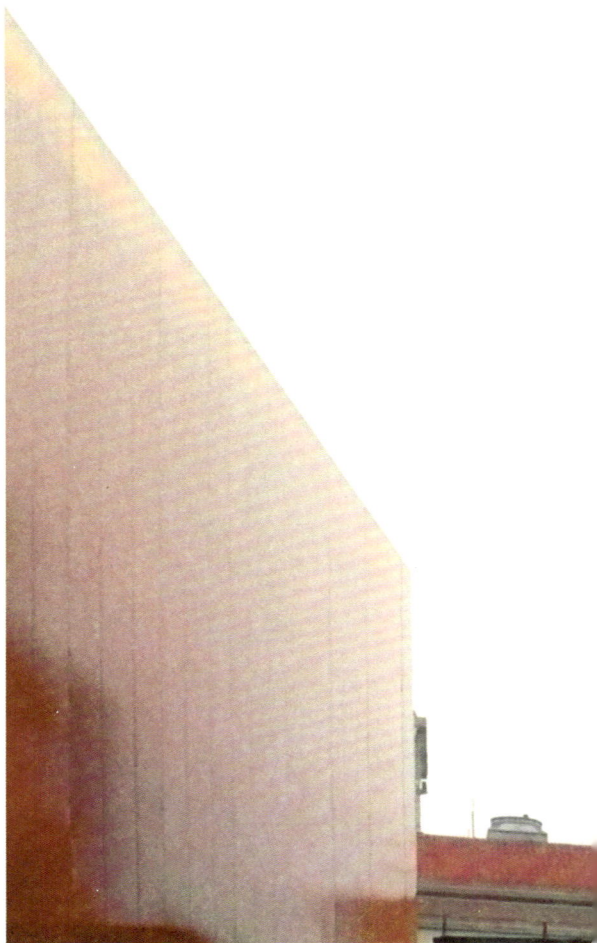

迫庆一郎　SAKO KEIICHIRO

1970 年出生于日本福冈县，1994 年毕业于东京工业大学，1996 年毕业于东京工业大学研究所。1996~2004 年间，任职于山本理显设计工场。2004 年正式在北京成立 SAKO 建筑设计工社。2004~2005 年间，以日本文化厅的外派艺术家身份赴哥伦比亚大学担任客座研究员。

www.sksk.cn

14

Old Village 火影店 　　田町 Village 赤坂

北京格子 3D 图 ／ SAKO 建筑工社提供

三里屯 Village 规划示意图／三里屯 Village 提供

左页图及下图／南区 S 1、3、5 栋建筑／广松美佐江摄影／
北京和创团分制作有限公司提供

早晨 7 点，北京一天的开始还是灰扑扑的，如同散不开的白雾。胡同里有大伯打着赤膊正跟邻居聊家常，街口的早餐店排了许多人，手里拿着小锅子要买豆浆……这些情景一一闪过眼际，脑海便浮现一个声音：寻常有一种魅力，感觉人生悠远而淡然。

今晨却要去一个不寻常的地方。出租车司机已然准时到达饭店门口，坐上车，渐渐驶离灰蒙蒙的北京。在高速公路上，想起长城脚下的公社，从开发、崛起、得到世界注目，并成为独树一帜的五星级酒店，关于它所缔造的辉煌纪录，是如此不寻常。

★中国首次应邀在威尼斯双年展的国际建筑展上展示"长城脚下的公社"建筑作品，并获得"建筑艺术推动"大奖。
★威尼斯建筑双年展有史以来第一次颁奖给非建筑师的"长城脚下的公社"策划者——SOHO中国公司总裁张欣。
★长城脚下的公社参展模型被法国巴黎的蓬皮杜艺术中心收藏，这是蓬皮杜艺术中心收藏的第一件中国的永久性艺术藏品。
★长城脚下的公社被美国《商业周刊》评为"中国十大新建筑奇迹"之一。
★唯一一家中国大陆的酒店被美国《Condé Nast Traveller》杂志评为全球 100 家热门酒店之一。
★唯一一家中国大陆的酒店被英国《Tatler 旅行指南》收入"全球 101 家最好酒店"之列。

Comm
by Th
Great

设计精品旅馆

ne

Wall

长城脚下的公社

参观信息

来自世界各地的游客到了北京，往往不愿意错过这个被评为"中国十大新建筑奇迹"之一的饭店。然而一个晚上动辄四五万台币以上的房价，也不是每个人都有经济能力可以入住的，长城脚下的公社特别开放给对当代建筑有兴趣的民众参观（团体及个人皆可），须提前预约。

整个公社共计42栋别墅，散落于静谧的山里，在每一栋别墅里都可以看到未经修复的古长城。第一期由12位亚洲建筑师所设计的"原版"建筑，位于"核桃沟"，这一系列的房子称为"总统套房别墅"，共有11栋，还有一个俱乐部；第二期则位于山谷另一头的"石头沟"，是第一期的"复制版"，从第一期中选出4款建筑进行复制，复制成21栋别墅。

⚑　参观范围：核桃沟12栋建筑的外观，视当日营运情形可酌情入内参观

$　120元人民币／人

☺　开放时间：AM9:00~PM5:30（星期六、星期日照常接待，参观须提前预约）

✆　+86-10-81181888

🖱　www.communebythegreatwall.com

地理位置与交通

长城脚下的公社位于北京北部山区，水关长城脚下，距北京首都国际机场1小时车程，距青龙桥火车站20米。从北京市中心开车走八达岭高速公路，在水关出口下高速公路，依交通标志从水关长城进入山谷，不多时便能看到公社，非交通巅峰时段，路程约需四五十分钟。若是自助旅行方式，可以包出租车从北京市区出发，包车价钱1天约500~600元人民币（视当地物价而变动）。

经过水关长城的入口处不久，一颗红色星星的招牌指明了接下来的方向，这红色星星虽如此具中国意象，而整个白底招牌的设计，却充满简洁的当代风格。中国 vs. 当代，当 2002 年出现这样一个建筑师集体创作的方案，对中国而言可谓绝对空前，也一举打破了传统格局，向世界宣告 21 世纪建筑舞台正在向亚洲转移的不可取代性。

而事情的来龙去脉究竟为何？长城脚下的公社原来被命名为"建筑师走廊"，由 SOHO 中国有限公司总裁张欣和董事长潘石屹策划并投资。

那时大家对张欣和潘石屹的认识是来自于 SOHO 现代城、建外 SOHO 等成功的房地产开发案。没想到张欣和潘石屹开始将眼光投向一个更大胆的计划，那就是在长城边上一个 8 平方公里的山谷，建造一个私人住宅的当代建筑博物馆。

"建筑艺术是可以收藏的"，这个大胆的概念让张欣和潘石屹迥异于一般的房地产开发商，凭借着前卫的眼光，由中国建筑师张永和推荐的 12 位亚洲新锐建筑师来到了长城脚下，分别是：

安东（中国大陆）、张永和（中国大陆）、古谷诚章（日本）、简学义（中国台湾）、崔恺（中国大陆）、张智强（中国香港）、堪尼卡（泰国）、陈家毅（新加坡）、隈研吾（日本）、严迅奇（中国香港）、承孝相（韩国）、坂茂（日本），分别负责 11 栋别墅和一个俱乐部的设计。

选择建筑师的标准，一是年轻，二是前卫；而条件则是建筑师必须使用在中国当地可以找到的材料，并强调须将人造建筑与自然景观融合在一起。

"建筑师走廊"完工后，12 栋造型各异其趣的房子散布于"核桃沟"，一进入园区，就能看到香港建筑师张智强所设计的"手提箱"，仿佛可以带着走的建筑，加上可以打包的室内设计（所有的房间都能收纳成为一个大平台），创新概念的建筑体现，让他受到世界的瞩目。

而运用当地材质最为人所津津乐道的则有张永和"土宅"使用的夯墙；传统夯墙不经时、不耐久的缺点到了张永和手里，成了"非常建筑"的主张与美感。

日本建筑师隈研吾以竹子当做房子结构的一部分，不但带来沉静的视觉感受，竹的香气也是特殊的嗅觉体验。

在这里也能看到以"莺歌陶瓷博物馆"为人所熟知的台湾建筑师简学义的作品，用两道嵌入山坡的石墙，说明他对长城历史意象的呼应；以及建筑师安东用红色清水混凝土融入整个自然景观的概念体现……

从"走廊"到"公社"

这一栋栋充满实验性、可谓当代住宅博物馆的建筑，在张欣和潘石屹最初的思考里都是要销售的，然而随着这样的方案在国际间曝光，声名鹊起，并在 2002 年得到威尼斯建筑双年展的"建筑艺术推动"大奖，张欣和潘石屹开始讨论，是否在展现这些建筑形象的同时，也能让更多人实地去体会和感受，于是"建筑师走廊"成了"长城脚下的公社"。

2002 年 10 月，此处作为一家建筑博物馆和特色酒店开始对公众开放，并有着一个隐含的大招牌："是中国，甚至是亚洲的建筑里程碑""中国当代建筑的一个符号"；2005 年，更与有丰富豪华酒店服务经验的凯宾斯基饭店携手合作；甚至于 2006 年 9 月，又进行了新的开发，也就是所谓的第二期工程，仿照第一期设计中最受欢迎的 4 款建筑——隈研吾的竹屋、安东的红房子、堪尼卡的大通铺、古谷诚章的森林小屋，复制了 21 栋别墅，还请韩国建筑师承孝相设计了"山宅"。至今，长城脚下的公社已接待来自世界各地超过 20 万人的慕名参观。

张欣和潘石屹扮演的角色，无疑是策展人、导演，也是推动者，透过这样一个具试验性的举动，让世界看到中国，也让世界看到亚洲新锐建筑师的位置。而作为房地产开发商，张欣从不掩饰这个项目的"商业性"，她更不讳言"商业化能推动建筑艺术"。从漫天的媒体报道、时尚品牌相继在这里举办活动，世界名人也争相来此体验，长城脚下的公社的确说明了"文化真是一门好生意"！也莫怪乎有人这么说："张欣和潘石屹的聪明之处，就在于通过文化来获得商业利益。"

而这个商业化策略无疑十分高招，现代建筑与未经修复的古长城，古今相互辉映。来到这里，已经把灰扑扑的北京城抛在脑后，取而代之的是清新的空气、蓝天和白云，置身在静谧的山谷里，世俗已在脑后。 ■

手提箱

俱乐部

家具屋

三号别墅

怪院子

竹屋

双兄弟

森林小屋

飞机场

红房子

大通铺

土宅

长城脚下的公社

原名：建筑师走廊

投资人：张欣、潘石屹

地理位置：北京北部山区，水关长城附近

占地面积：8平方公里

总体规划：严迅奇（中国香港）

景观设计：艾未未（中国大陆）

建筑面积：32600平方米。一期共计9400平方米，二期共计23200平方米

一期建设：11栋别墅、1栋俱乐部

二期建设：48栋别墅

俱乐部：总建筑面积4109平方米。内部设有游泳馆、西餐厅、酒吧、10个院落式餐厅、小型电影院、画廊、儿童游乐区、礼品商店

别墅：建筑面积最小的330平方米，最大700平方米，大多为500平方米左右

建筑师：安东（中国大陆）、张永和（中国大陆）、古谷诚章（日本）、简学义（中国台湾）、崔恺（中国大陆）、张智强（中国香港）、堪尼卡（泰国）、陈家毅（新加坡）、隈研吾（日本）、严迅奇（中国香港）、承孝相（韩国）、坂茂（日本）

家具：来自世界各地的设计名家的作品，例如：

Serge Mouille, Thierry Hoppe, Von Robinson, Philippe Starck, Alex Strub, Claudio Colucci, Ross Menuez, Kaname Okajima, Jonas Damon, Karim Rashid, Matthew Hilton, Marc Newson, Michael Young

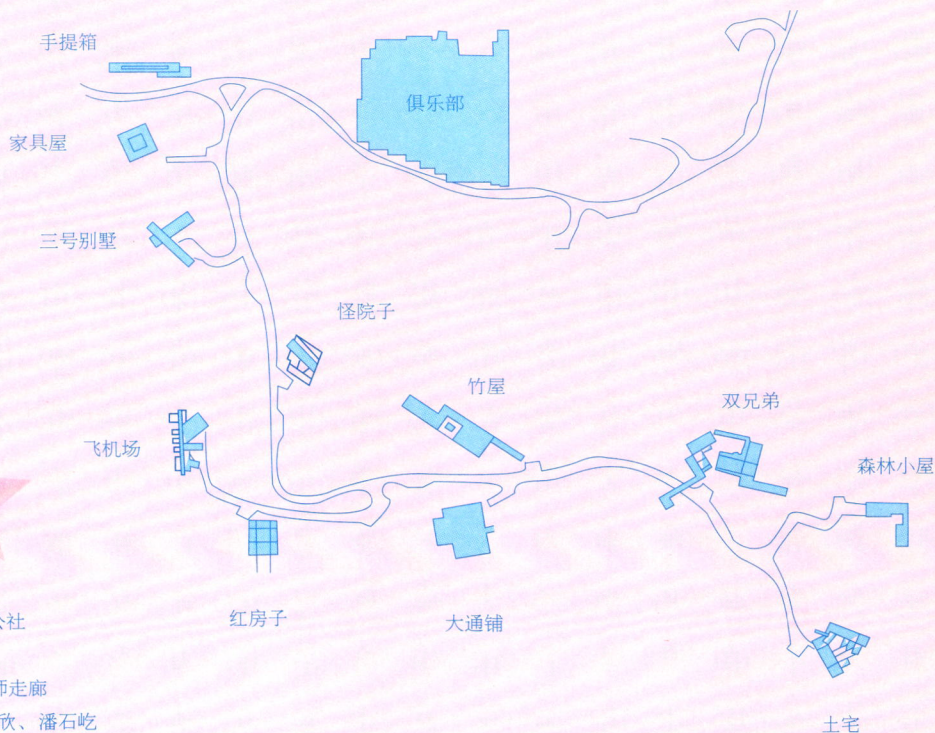

长城脚下的公社地理配置图／长城脚下的公社提供

15

1

Antonio Ochoa
Cantilever House (485m²)
安东 红房子

安东

来自南美的委内瑞拉，毕业于加拉加斯中央大学建筑系。1983 年在加拉加斯成立以自己名字命名的个人工作室，1993 年在北京成立 8&8 建筑师工作室，1999 年任北京红石首席建筑师。

长城脚下的公社的工作人员告诉我，别墅里入住率最高的就是安东的这栋红房子。或许因为它位于制高点，能尽揽山色，拥有最佳视野；也或许因它与山峦绿意融成一气的幽静，而散发出诗意魅力，令人想一探究竟。然而从安东自己所表达的设计理念中，也仿佛有种意境，如飘飘然的山岚淡淡走过……

"建筑并非建筑师表达自己的方式，它通过建筑师获得表情。换句话说，在山里的房子不同于都市中的房子；八达岭山中的房子，不同于三亚山中的房子，哪怕由同一个建筑师设计；

悬臂屋并非特定基地的自然结果，而是山坡的；非太阳特定位置的结果，而是对它的需求；没有特定使用者而是敏感有教养的人的结果；是与长城共享一个基地的结果。

悬臂，房子可以连接到山谷的任一个斜坡，接近的路可以是在坡面上往上或往下，对于原始的形态并没有太大的改变。自然且简单地使用材料，混凝土、水泥红砖、木、竹子、玻璃。走过这屋子，是丰富、兴奋与精神上的体验。建筑并非建筑师表达自己的方式。它透过建筑师获得表情。" ■

15

除了纸房子，坂茂还有什么花样？

因为盖出纸教堂而在国际间大红特红的坂茂，来到长城脚下的公社，设计出唯一一栋"一层楼"的别墅——"家具屋"。他是位日本建筑师，却采用中国传统四合院的建筑概念，用四面墙围塑了中间的庭院空间。最大的不同处，是他在南面和北面使用了大片落地玻璃，让人可以饱览长城的风光。此外，坂茂选用了自己研发多年的"家具住宅"系统，让墙的结构与家具合而为一，作为"家具屋"的营造方式。

家具屋的选材十分特别。张欣曾告诉坂茂，你的纸房子世界知名，这次选用别的材料试试吧！因此坂茂特地到北京郊外建材商店寻找特殊的当地材料，一个竹子的合板吸引了他的目光。由于竹材无法承受阳光直射，加上容易因干燥而脆化的特质，因此并不适合被开发为结构元素，但坂茂在北京所发现的竹集成材，是用削薄的竹片编织后黏合而成，在当地是用来防止未干的混凝土流失所制成的合板。坂茂将其带回日本做结构测试，发现这样的竹集成材强力坚固；经无数次地试验，坂茂将原本难看的暗红色竹集成材恢复竹子本色，也造就了具特殊意义的"家具屋"。■

坂茂

1957 年生于日本东京，毕业于美国库柏联盟建筑学院。1982~1983 年曾在日本知名建筑师矶崎新的工作室工作，1985 年正式成立自己的事务所。坂茂最为人所熟知的作品就是纸房子，日本神户大地震时，他用一天时间，为失去家园的灾民盖起了一座纸筒教堂。

2

Shigeru Ban
Furniture House (333m^2)
坂茂 家具屋

3

Cui Kai
"See" and "Seen" House (410m²)
崔恺 三号别墅

崔恺认为，到山上就是为了看风景，因此他盖了一栋可以"看"与"被看"的房子。

"三号别墅"的基地特色在于，北向与东北向都可看到层层叠叠的山脉绵延，因此，在设计建筑时，他将客厅和餐厅面朝北方，居室部分以开放式手法面向东北，让居住其间的人们，拥有良好的视野，随心所欲地"看"风景。

而"被看"的部分呢？由于三号别墅后面还有三栋建筑，"三号别墅"也因此成了"被看"的对象。为了避免后面三栋建筑的视野被遮蔽，崔恺将"三号别墅"一楼的客厅、餐厅的地平面下沉了1米多，这样一来，建筑体就像蹲踞在草丛里，适当地融入地景。其中很棒的巧思是，挖地基产生的土壤还可用来做庭院设计，也能够在屋顶上覆土，或种植草地，达到资源循环运用。建造过程中，崔恺还想到，如果遇到岩层，甚至可以将之作为客厅室内场景的一部分。此外，在建筑围护的结构上考虑了保温和节能的功能，例如覆土就能产生保温作用，达到冬暖夏凉的效果。■

崔恺

1957年生于北京，毕业于天津大学建筑系，并获得颁硕士学位。现任中国建筑学会副理事长、中国建筑设计研究院副院长、总建筑师　。（北京许多著名建筑，如电报大楼、北京火车站、中国美术馆、北京图书馆等，都出自中国建筑设计研究院）

4

Seung H-Sang
Club (4109m²)
承孝相 俱乐部

承孝相所设计的俱乐部位于长城脚下的公社的中心位置，向东可望见山谷，向西则面朝未经修复的古长城。俱乐部兼具中、西式餐厅、游泳池、画廊、杂货店、管理中心和员工宿舍等功能，因这样的功能需求，建筑的量体就像是 5 个从山里延伸出来的长方形盒子。

这些盒子与自然景观融为一体，在游泳池和西餐厅都能看到长城的景致，傍晚则能观赏落日余晖。除了员工宿舍外，所有的房间都以走廊相互连接。设计之初，承孝相就决定尽量保留当地石、树等自然元素，减少对自然景观的破坏，因此人们一进入大厅，就能看到在基地上原有的美丽树木。使用材料上，他也尽可能运用木料及石材，而外观的钢板，经过长时间的锈蚀，会渐渐改变颜色，跟时间共构出美丽的痕迹，这也是承孝相特意与四季变化呼应而做的材质选择。

至于石材与混凝土的组合，是从基地撷取的，延续了此地人造建筑的肌理，也许随着时间流逝，它们就会像是在那里待了很久一般。承孝相认为，过去美好的记忆是构成我们现在存在的重要原因，这样的建筑也阐述了他所主张"使用比拥有重要，分享比增加重要，清空比填充重要"——"贫困之美"的理念。■

承孝相

出生于 1952 年，毕业于汉城大学。在 1980~1982 年间，分别在维也纳的工学院和 Marchart Moebius & Partner 学习和工作。1989 年创立履露斋事务所 (IROJE Architects & Planners)。其设计的独立式住宅 SUJOL-DANG 被评为韩国 20 世纪十大最佳建筑之一。

www.iroje.com

5

看看这栋建筑不规则的外型，就立刻明白"怪院子"一名的由来。

严迅奇以传统合院建筑作为主体概念的发想。但他认为，传统合院建筑并不注重外部景观，只在意内部结构，所以特意将坐落于长城脚下的院子呈现扭曲状，配合着地形和地势，希望让房子看起来就像嵌在山坡上一样。此外，

这个扭曲的院子还提供丰富的视觉感受，从各个角度欣赏，都有不同的样貌。从正面看，白墙上特意留了几个类似摩斯密码组合般的洞口，与现代钢构的玻璃立面互相辉映，成了现代感十足的院落建筑；而白色墙面、木质地板、石材饰面的组合，也带来宁静的家居感受。■

严迅奇

生于香港，1973~1975 年间在 GMW International 担任实习建筑师，1979 年成立严迅奇建筑师事务所，1999 年任许李严建筑工程师有限公司执行董事。他在 20 多岁时（20 世纪 80 年代）就获得了巴黎歌剧院设计比赛的第一名，并在多项国际设计竞赛中获得奖项。至今最具代表性的建筑作品有：半岛酒店二期工程、香港新机场中环机场大厅、花旗银行大厦、香港大学研究生中心、希尔顿酒店和中国天津会展中心等。

6

Gary Chang
Suitcase House (347m²)
张智强 手提箱

把家打包,虽然不一定能够带着走!

一进入长城脚下的公社,入口不远处就能看到那只显眼的"手提箱"。就是这个灵活、新鲜、有创意的设计,让张智强位于长城脚下公社的"手提箱",在 2002 年时,掳获了世界各地注目的眼光,同时获得多个国际奖项,包括 2002 年意大利 Vicenza 的 Dedalo Minosse 国际建筑奖、Blanche Gallardo Award 亚太区室内设计大奖、最特殊设计大奖,以及 2003 年伦敦 AR+D 设计比赛优异奖等。

"手提箱"最令人惊奇之处在于,44m×5m 的整个长方形空间,包括客厅、餐厅、卧室、书房、厨房、洗手间乃至 SPA,全都被收纳在 50 块活动木地板的下方。人们可以根据不同的需求,拉开气压式的木板,灵活组合不同房间。例如,今天不想看到厨房,就关上它,还能躺在上面做瑜珈;若想要多隔出几间房,便可拉开木地板,随心所欲地使用空间!这座建筑扭转了一般住宅固定隔间的概念,欢迎住户在这里把玩空间的游戏。打开的木板,可以是门,或是隔间,阖上后又成为地板!住在这个变化无穷的房子里,最过瘾的是能够随时像换家具一样更换房间。

以"一卡皮箱"作为建筑设计概念,让人不得不联想到张智强的香港背景与出身。在人口稠密的香港,使用"活动隔间"的方式来应变人口增长,对于居住在香港公寓中的人来说,十分稀松平常,这样的经验,启发了张智强对空间运用的想象。同时,张智强非常热爱旅行,每次出国时,他都将自己的手提箱整理得有条不紊,因此造就了"将空间彻底打包"的疯狂创意,颠覆了所有人对既有空间使用方式的想象。无怪乎有人说,这件作品充满"香港精神"!

对于想入住这样一个魔术盒般的房子的人来说,要睡在如打开盒子般的床,是颇具挑战性的;然而,要开大型会议,"手提箱"就成了不折不扣最棒的选择,因为所有隔间都能瞬间消失,成了通铺般的大空间。■

张智强

1962年生于香港，1987年毕业于香港大学建筑系，1994年创办 EDGE 公司。是首位于2000年获邀参加意大利威尼斯国际建筑双年展的香港代表，并于2002年再度获邀参展。

张永和

1956 年生于北京。1981 年赴美留学，先后在美国保尔州立
大学和加州大学柏克莱分校建筑系分别获得环境设计理学士
学位和建筑硕士学位。1989 年成为美国注册建筑师，1993
年在北京成立非常建筑 (FCJZ) 工作室。20 世纪 90 年代曾
任教于美国保尔州立大学、密西根大学，以及柏克莱大学等
建筑系所。1999 年于北京大学成立建筑学研究中心，并担
任主任教授；2002~2003 年任哈佛大学设计研究学院丹下
健三建筑讲座教席教授；2004 年获聘为美国麻省理工学院
(MIT) 建筑系主任及教授。

www.fcjz.com

15

7

Yung Ho Chang
Split House (449m²)
张永和 土宅

位于长城脚下的公社所在处——核桃沟的最深处，"土宅"是12座建筑中最安静的房子，而设计它的建筑师张永和，是中国最负盛名的建筑师之一。2004年，他获聘为美国麻省理工学院（MIT）建筑系主任，也成了全世界建筑圈的头条新闻。如今，张永和是世界重要的建筑教育家，想认识他在北京仅有的几件作品，还真不能错过"土宅"——有关"非常建筑"的非常主张。

土宅又被称为"二分宅"，而且是能够拥抱山水的二分宅，怎么说呢？设计之初，张永和的构想就是要将"北京传统的四合院从其拥挤的城市空间移植到古朴的大自然中"；在他的观察里，城市的四合院，庭院多半是被房屋所包围，到了长城脚下，自然要将房子打开。

舍弃复制传统四合院落的建筑形式，张永和将建筑一分为二，像个三角口似的围住一个庭院，群山环绕着三角形庭院的一边，而房子则建在两条边上，呈现出建筑拥抱着山谷的气势，"二分宅"的名称由此而来。庭院里的原生树木都被完整保留，透过室内的落地窗，感受庭院围塑的天地，传统四合院落的优点就这样优雅转身。张永和还特地整顿了基地中一条小溪的流向，让水流能够穿过庭院，并从门前的入口处流过，所以一踏入别墅，就能够透过脚底下透明的玻璃看见清澈的水流。

土宅最令人津津乐道之处，在于它将传统的土埆厝的土埆夯墙运用于现代建筑。夯墙具有隔音、隔热、冬暖夏凉的特色，却因含水性高，很容易崩裂，所以土埆厝往往不易保存。张永和将夯土墙以土埆搭配胶合木框架集成，传达出对中国传统土木建造的当代阐释，而这也是"非常建筑"生态学的主张。

土埆能否承受风雨的考验，有待时间来证明，然而，在过去印象中给人以破旧、落魄感的夯墙，如今在这里竟出现了现代的优雅和美感，尤其当阳光穿过竹叶，在夯墙上洒落舞姿的刹那…… ■

8

Kengo Kuma
Bamboo Wall (716m²)
隈研吾 竹屋

　　沿着山坡往上走，竹屋的面貌渐渐浮现眼前，这栋在远处看来充满静谧氛围的房子，近看仍保留着一种空灵、遗世独立的气质。隈研吾所设计的竹屋，无疑是长城脚下公社最受欢迎的一栋，看看在第二期石头沟中被复制的7栋竹屋，足见它的魅力十足。竹屋也是其中唯一毫无争议地获得中国评论界与大众一致好评的设计作品。

　　这令人想起隈研吾在日本马头町设计的广重美术馆。不同于竹屋，广重美术馆使用的是木格栅，营造出宁静之美。到了中国长城脚下，隈研吾选择了在中国和日本都具重要文化意涵的竹子为主要建材，加上竹子本身还是材料时就已是成品，作为一种未经加工的材料来呈现，更具有结合符号与本质的统一性。

　　呼应长城绵延不断、如波浪起伏的山脊般特质，竹屋依傍着长城的造型，沿着地势展开。外部由一根根竹子构成长长的竹墙，视野的尽头就是山峦绿意，建筑物也成了自然的一部分，此即隈研吾一贯的建筑主张：反对建造与自然环境脱离关系的建筑。而室内设计，则视竹子的密度与直径，提供各种不同空间分割的可能，层层叠叠、虚虚实实，似乎连阳光洒落的位置都经过精密地计算，竹子的特性在隈研吾的设计里，有了极致的表现。

　　走进室内，竹的香气在空气中形成另一种深刻的记忆，久久不能散去，如此这般兼顾视觉、嗅觉等感官上的满足，倒是参观建筑时少有的体验。尚且不只如此，建筑外部的竹墙可以推拉，拉上时，阳光透过竹子的间隙洒进屋内；而一推开，大开大阖的山景即全然入目，犹如一场丰盛的视觉飨宴，而一方水域也反射着竹子的层次，带来多变的空间体验。

　　终于明白，为何竹屋成为众之喜好，它既有着日本文化里究极的追求，也有着中国文人骨子里避隐山林、遗世独立的灵气，迷人之处不辩自明。■

隈研吾

1954年生于日本神奈川县，1979年获得东京大学工程研究所建筑系硕士学位，1985~1986年间赴纽约任哥伦比亚大学和亚洲文化委员会研究所访问学者，并于1990年成立隈研吾建筑事务所。主要作品有：马头町广重美术馆、那须石头博物馆、水／玻璃和1995年威尼斯双年展日本馆等。曾赢得多项国际大奖。

简学义

1954 年生于屏东，1970~1975 年习画于李德画室，1980
年毕业于东海大学建筑系，1987 年成立竹间建筑设计研究
室。1995 年主持竹间联合建筑师事务所。为人熟知的作品
有莺歌陶瓷博物馆、宜兰传统艺术中心、宜兰 228 纪念广场
等。1995 年曾入选日本 TOTO 出版的《世界的建筑家 581
人》。

15

想起简学义，除了他总是一身黑衣、半长的黑发、黑框眼镜的典型打扮外，还会想起他的建筑语言：擅长以大面清水混凝土、洗石子、木头、灰色石材，营造出极简、低彩却宁静而大气十足的空间感。另外还有他的"慢"，说话沉稳、舒缓，慢条斯理中却透露着绝对的建筑坚持与思考逻辑。

这样的简学义到了长城脚下，仍充分展现了他对材质原生肌理与质感的绝佳掌握。他利用当地石材所砌筑的两道石墙嵌入山坡，既呼应长城的历史意象，也划分出公私领域的界限；同时透过天窗，大量光线被引入室内，石墙上的光影暂留了静谧时光的无瑕。

两道石墙营造出的空间感意义非凡，简学义形容，"犹如生物的脊骨般支撑着衍生的空间，也如神经动脉般提供了基础生活功能与流通的动线"，从石墙延伸出的三个箱型空间，自由地向周围伸展出客厅、餐厅、卧房、SPA、浴室，行走其间，不能一眼望穿，却让人萌生探索各个小空间的欲望。

从外观来看，由两道石墙延伸出的三个箱型空间，像极了机场里等待飞机停靠的"空桥"，也因此简学义的设计又被昵称为"飞机场"。就长城脚下的公社所有的个案来说，"飞机场"的建筑外观设计无疑是"奇"的，也经常博得游客们的赞赏；而那两道石墙所带来的空间体验，现今回想起来，还带点神性的静谧感。石材本身展现出的力量，融自然天光，在建筑师的构筑下，形成了另一种氛围，我想，这也是另一种"奇"吧！■

9 Chien Hsueh Yi Airport (603m²)

简学义 飞机场

15

陈家毅

1956 年生，毕业于伦敦建筑联盟(AA)学院。1985 年
获英国皇家建筑协会学生设计大奖，1986 年荣获英国
皇家艺术学院设计新人奖。1990 年任教于伦敦大学
Bartlett School of Architecture，并设立 Kay
Ngee Tan Architects。2003 年在伊斯坦布尔设立了
KayaOnCoast，除了亚洲，也往返于英国与土耳其之间工
作。他设计的作品有：新加坡城市管理大学及其他高级住宅、
日本纪伊国屋之札幌本店及多间纪伊国屋书店、台北 101 之
Page One 及多间 Page One 分店等。

www.kayngeetanarchitects.com

10

Kay Ngee Tan
The Twins (477m²)

陈家毅 双兄弟

踏着石阶穿过了林荫，进入这栋由两个 L 型建筑所组成的别墅，"双兄弟"以亲切的姿态打开双臂迎接众人。为何说亲切呢？比起其他合院建筑，陈家毅所设计的双兄弟，并非用四堵墙围闭起内部空间，而是让每个方向都有开口穿透，从外部就能看到内部的庭园，庭园也与外部环境有视觉上的链接，它既有着自己的天地，却也打开自己融入更大的天地里。这个想法来自于陈家毅希望创造一个空白的空间，比如林中小径，或树林间的休息地带，这样的空白可以让人悠游、散步其间，挥洒想象的思绪。他以中国的山水画做比喻，他认为，山水画中不仅有适当的留白，也模糊了自然景观和人造建筑间的分际，"双兄弟"就是依着这样的概念，把自己融入了自然景观。

一大一小的两栋 L 型建筑被小心地配置在山谷的基地中；厨房与餐厅位于较小的 L 型建筑里，入口还有一个出挑的屋檐，站在屋檐下，就能看到这出挑的屋檐与另一个"兄弟"的白墙，共构出几何视觉的游戏。另一 L 型建筑则配置了客厅和卧房，客厅的一侧可见到南向山谷的景致，另一侧则面对宁静的庭园。两个"孪生兄弟"，相互独立也相互依赖。漫步穿过树林时，便不知不觉地游走在两"兄弟"间，享受着各自的风景。■

11

Nobuaki Furuya
Forest House (572m²)
古谷诚章 森林小屋

古谷诚章

1955 年出生于东京，1978 年自早稻田大学建筑系毕业。
1994 年与建筑师八木佐仟子 (Sachiko Yagi) 共同成立
STUDIO NASCA 建筑设计工作室，目前为日本早稻田大学
建筑系教授。

furuya@waseda.jp

在一个三岔路口上，看见了森林小屋。屋前有两条路可通往 L 型建筑的两端，有趣的是，交叉口的小路上还长着三棵树，远远看，就像这栋建筑正环抱着树。

也许是认为森林小屋本该就是"小木屋"的长相，因而对森林小屋有了不应该有的遐想，因为这栋森林小屋一点也不像木屋，垂直立面玻璃的分割方式加上白色窗框，极具现代感，玻璃上反射了郁郁葱葱的林影及蓝天白云，我在想，为何它叫做森林小屋？

进入室内，发现大量的浅色系木头运用在天花板、地板，一室的白墙让视觉显得清清淡淡，却发现木料本身的纹理在一室清淡中特别显眼，而在此时成了视觉焦点，这才终于体会到森林小屋的意涵——运用设计，让人即使在室内也仿佛置身在森林里。古谷诚章特地引用瑞士雕塑家兼画家贾克梅蒂 (Alberto Giacometti) 的名言，"在森林广阔的怀抱中，人变成了一个光球"来阐述他的设计理念。

至于立面上垂直分割的窗的设计概念是怎么来的呢？

第一次造访位于水关的长城脚下，古谷诚章看见了一直延伸到遥远天边的万里长城，而基地就像星星般，点点地散布在狭长的山谷中。古谷诚章所要设计的地点，就位于树林里，他的脑海突然浮现了一个景象，长长的矮栅构成了 L 型的平面，树林中的逍遥自在也在其中呈现了出来……

身为一个光球，我想就该如此尽情翻滚在森林广阔的怀抱里吧！■

12 Kanika R'kul
Shared House (542m²)
堪尼卡 大通铺

　　唯一一栋由女建筑师所设计的房子,"大通铺"在长城脚下的公社里有了特殊性,而它另一特别之处,就是相较于其他10栋别墅,"大通铺"是能提供最多人同时入住的建筑。

　　喜欢安静私密独处的人,可能不会受到"大通铺"的吸引,因为它的功能设计如同其名——大通铺 (The Shared House),是要跟人分享的。一看到它独立于外、开放式的卫浴设施,你会联想到露营时,大家必须一起共享的澡堂和洗脸盆;走到二楼的屋顶,也许会想起曾经跟大伙儿一起抬头望星星的画面,突然间,过去所有夏令营度假的情境,都涌上脑海,重温了那段笑闹的回忆。

　　"大通铺"的设计,是如此不同于其他别墅,它强调"沟通"、"共享",打破了尊贵与私密性。堪尼卡认为,在山中享受周末的房子不一定非得远离城市生活,因为城市生活在某种程度上来说,也是令人惊叹、充满刺激的,而她所思考的建筑,只是向我们揭示一些我们失落的东西,从而使我们的生活更加平衡。这样的想法让她打造出一个白色极简的盒体,游走环绕其中,你必然会遇到同伴,也许是同时使用卫浴空间,也许是在某个转角一起感叹哪个角度的山峦。在这盒体里,什么都可能发生,也许你唯一需要准备的,就是随时打开自己吧! ■

堪尼卡

生于1962年。1984年获美国南伊利诺伊大学室内设计学士学位，1991年获美国洛杉矶南加州建筑学院建筑学硕士学位。1996年至今，任泰国吞武里市孟库特国王技术大学兼职教师。她在曼谷成立了专属工作室 Leigh&Orange。主要作品有：曼谷塞里中心百货大楼的儿童因特网学校、曼谷 Silom 大厦 Aviance 俱乐部、普吉岛的达尔威治国际学校、厦门电视台办公大楼等。

15

Archi

Beijin

北京建筑师事务所

ects in

　　如果我到北京后，对北京城市的印象，仅
是保罗·安德鲁的国家歌剧院、是赫尔佐格和
德默隆的鸟巢、PTW的水立方，我会不会既感
到狂喜却又有点怅然若失？

　　有没有不是那么世界知名、国际巨星般的
事务所，却深耕在此，用时间经营着建筑，让
你看到它隐约透露的光芒，不夺目，然而却吸
引你的目光？

　　探访北京新锐建筑师事务所，成了我认为
了解北京现代建筑非常重要的一环。出生自北
京的朱锫、来自哈尔滨的王昀，以及日本建筑
师迫庆一郎，不同的出生背景与从学经历，构
成了迥异的建筑思维与设计风格。他们同时面
对中国内地瞬息万变的市场，还有与国际建筑
师同台竞争的压力，在中国开启21世纪世界
级的建筑战场上，这3位我们还不那么熟悉的
建筑师，已默默地摩拳擦掌。谁知哪一天，他
们怎不会在建筑界的奥运会上称雄？

Zhu Pei

朱锫

把老凝固了——消失的建筑

听朱锫叙述着他的北京，听着听着就入迷了。
那是关于夏天里的葡萄架，在冬天下雪结霜了的冷冽诗意；一
群调皮孩子总在胡同里的前后院到处跑，谁家在包饺子，就去
谁家吃个热闹；从睡榻上醒来，睁开惺忪的睡眼，暗室的斗窗，
会看到阳光穿过窗棂棉纸洒进来的朦胧……

出生于 1962 年。20 世纪 90 年代初，取得清华大学建筑学
硕士学位。并在清华大学建筑学院任教多年后赴美，就读于
美国加州大学柏克莱分校 (Berkeley, UC)，获建筑与城
市设计硕士学位。曾多次于重大的国际建筑设计竞赛中获奖，
并应邀参加众多国际性重要艺术与建筑展，如 2003 年法国
蓬皮杜中国艺术展、2005 年巴西圣保罗双年展、荷兰中国
当代建筑展、西班牙第一届卡那里建筑艺术双年展等。期间，
于清华大学、美国加州大学柏克莱分校等地从事教学活动，
并兼任学术杂志《世界建筑》《中国建筑年鉴》及《建筑业
导报》编委。

在朱锫的办公室就能看到窗外的老胡同

关于胡同的记忆，真正的老北京仿佛就在眼前

　　然而，这样的场景在朱锫 9 岁时戛然而止，他和家人搬到了单元楼（公寓），第一次住进要爬楼梯的房子，第一次看到这么光亮的房子，第一次发现粪便一冲就没了的厕所，第一次看到不用烧煤就能煮饭的煤气供应系统……所有东西都变了。9 岁的朱锫对这样的新颖和便利充满崇拜，却也挥别了老胡同，挥别了冬日里一群孩子围在炉子边，边上放很多馒头、鸡蛋，烧得暖暖的日子。再大一点，他感受到走进胡同跟走进单元楼是截然不同的两种情境，冬天的单元楼与单元楼之间，冷空气四蹿，没有胡同里穿梭来去的风情，没有胡同巷弄里的安静，也没有站在胡同自家院子里，只看得到天空和树木的天地。如今想来，自家院子那几堵墙所围塑的天地，其实是居住的一种境界。

50 年后，也老了

　　或许是这样的启发与潜移默化，让他至今做的、想的很多事都跟北京有关。朱锫受到两个层面的启发，其一：也许老家早已不存在，但他至今却仍记得小时候的细微感受，因此他意识到，时间可以摧毁物质性的部分，但却摧毁不了曾发生在这里的事。原来，可以被一直流传的是文化的感染力，或者，是城市的记忆。

　　其二：早期盖四合院时，可以想象那在当时是多么"当代"的一件事，肯定是很崭新的观念，也是人们觉得最时尚的潮流，但 100 年后，发现它也已经老了。朱锫说："就像我今天自称为当代的建筑师，如果我也只重视到建筑物质性的部分，50 年后，新颖的建筑也会老，即使我设计得再前卫、再超越，不在 50 年后老，也会在 100 年后老。"这个略具悲剧性的结论，任谁也无法摆脱。

　　从这样的角度出发，朱锫试图透过对建筑的理解与想法，去建立一个系统，他希望这个系统可与城市文化或生活方式同步进展，而不是像四合院，当我们的生活已经发生变化，四合院的功能却还是没有改变。他想要塑造可以消失的、不存在的建筑，去解决现今城市所发生的许多问题。他的策略是把过去的记忆浓缩在此时此刻，不重新去修饰或复原那些老的建筑，而是在新盖的房子上，反射周边的建筑风景，也就是把老"凝固"了，将过去的记忆印记于新的建筑物上。

　　朱锫更进一步思考，这种会消失的房子能不能像船一样漂动呢？假设需要在天安门或故宫前面做活动，这栋建筑可以突然出现，而活动结束后，建筑就消失了，它没有抢去城市的

资源，也没有因为盖了这栋房子而使整个城市变得压抑，最好需要它的时候可以折叠，还可以灵活移动。如此一来，这栋房子永远不会过时，因为它不强调自己，它只反映周围房子的变化，而这也意味着房子自己本身并不存在。正因如此，它可以跟着时代一起前进，建筑本身反而有了生命，更有意思；这不也说明了——建筑形式越消隐，就能越永久，很有"少即是多""无以为用"的哲学观吗？

过去和未来，在多数人眼中是冲突的概念，几乎是有你无我那样残酷地搏杀，朱锫看见北京多数的胡同正在被摧毁，取而代之的是高楼大厦，因此他尝试以"消失的建筑"来提供另一种答案，达成另一种结果，让城市的精神延续，使过去与未来同时共存。虽然乍看起来，这是很极端的观念，不容易实现，但却并不遥远。朱锫开始在一些建筑项目里或艺术装置中去实现这个观点，一个是北京古根海姆博物馆，另一个是与艺术家蔡国强和谭盾在北京即将合作住宅改造的艺术装置展。蔡国强甚至说，这就好像一个人的生命突然被 DOUBLE 了，同时生活在过去和未来，两者相互交融、相互对话。

材质，一种感受性的吸引

过往生活记忆影响之深，也体现在朱锫对建筑材料的选择与运用上。孩提时期对居住北京的感受，朱锫不断思考一种不是传统中国，却又有中国意象的东西，"玉"则给了他启发。

他说，西方人欣赏艺术，总是用眼观，因此视觉艺术特别发达；中国人则会用手把玩，注重触摸的感受，这成就了独特的赏玉文化。

朱锫想，如果能找到一种材料很像中国的玉石，那就能拥有与西方区别的独特性。在这个想法下，他在过去北京街道上自行车棚的构件上找到了一种不透明，但有点透光的树脂材料，颜色和半透明性都有点类似中国玉石的特色，便将之运用在"木棉花酒店"以及"数字北京"两个个案上。

这种材料不仅融入了历史中国的思维，同时还是从废旧东西再生而来的。朱锫还思考到，中国的房子都是矩形的，由几个间构成一个房，几个房再构成一个院，于是他将这种树脂灌入矩形的模块，运用在木棉花酒店的建筑立面上。

此外，他记得小时候，北京有许多朝南的窗户都是用木格栅做成的，当阳光洒进来时，可以看到影子的层次，而树脂灌成矩形的一个个模块被组合起来，也正好有着近似木格栅的效果……像这样对材质的思考及开发，是朱锫近年来正努力在做的事，在他看来，有时候材料比建筑形式的表达更重要，因为材质是一种感受性的东西，有着特别深刻的吸引力，跟外型无关；而他这部分的思考，其实很近似中国人赏玉、玩玉的心理。

然而这并不代表朱锫是不注重形式的建筑师。阿拉伯联合酋长国首都阿布扎比的"快乐岛文化园区计划"，朱锫和安藤忠雄（Tadao Ando）、扎哈·哈迪德（Zaha Hadid），以及弗兰克·盖里（Frank O. Gehry）等国际

木棉花酒店／朱锫建筑事务所提供

北京出版创意中心／朱锫建筑事务所提供

知名建筑师都受邀来这里进行规划、建筑设计。朱锫所做的设计本身很有形式感，像是雕塑，也像个飞行器，他认为这个形式是取决于当地海湾城市的地景。不过，最终朱锫还是说，即使够前卫，30年后还是摆脱不了落后啊，从历史的角度来看，一切终将过去。

那么，有什么东西可以被留下来？大概是建筑师的观念吧！■

朱锫设计的位于阿布扎比"快乐岛文化园区计划"的建筑。人可以爬上屋顶观看当地景观，概念源自于当地海湾城市的地景／朱锫建筑事务所提供

数字北京　奥运之于朱锫

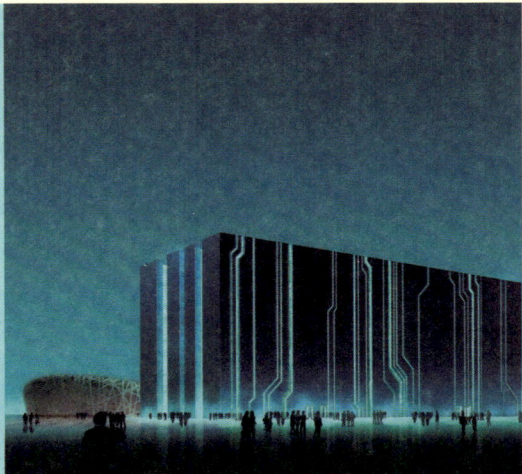

数字北京大厦效果图

问朱锫，2008 年奥运的举办为北京的城市建筑带来滔天巨浪的改变，北京是不是外国建筑师的实验场？又或者，中国建筑师的位置在哪里？朱锫的思考显然有一种更长远的视野。他说，有个概念大家一直都没弄清楚，北京奥运是由国际奥委会主办，北京奥组委则是承办，从组织架构来看，奥运本身就具世界性，既然是世界性的活动，理当由世界建筑师共同完成。他认为这是一件好事，可以刺激中国城市各方面的发展，特别对建筑领域也是一种挑战和刺激，让本土建筑师成长更快一些。

回归到他的建筑观念，朱锫不认为建筑师有能力可以在形式上跟过去建立联系，任何想要用形式与过去的房子建立联系的努力，实际上就是在造过去的房子。从这样的基础上来看，外国建筑师们所盖的奥运建筑，似乎在表面上看不到与北京

的关系，但借由奥运，能把北京的过去——中国 5000 年的文明，透过不同层面去体现，让世界与北京产生联系，而这显然比重新回到过去、造一个天安门的意义大得多。现在看来，奥运的现象促使北京的北边产生一个虚幻的场景，但若拉长时间轴，站在历史或更宏观的角度来看，这也不过是短暂的一瞬。也许，因为它的特殊，有机会与北京共生共存，而透过奥运会的成功举办，能够跟世界交流、传递中国文明，那么，意义就存在了。

忘了说，朱锫是奥运建筑项目中，设计方案唯一中标的中国建筑师，而他所设计的数字北京大厦，也已成为北京市民的骄傲。

www.studiopeizhu.com

Wang Yun
王昀

建筑，不是照片

感受了好几天北京的灰，在见到王昀后，发现了北京的白。
王昀带着我们一行人参观他所设计的房子——庐师山庄，那天
阳光也露脸了，白色建筑衬在蓝天白云之下，显得亮眼，舒服
极了。我们开玩笑，说他是白色的迷恋者，设计的个案大都以
白色为基底，王昀说，他就是觉得北京缺了点白色！

1985 年毕业于北京建筑工程学院建筑系，1995 年取得日本
东京大学工学硕士学位，并于 1998 年获博士学位。目前为
北京大学建筑学研究中心副教授、方体空间工作室主持建筑
师。曾荣获日本《新建筑》第二十回"日新工业建筑设计竞赛"
二等奖，第四回"SxL 住宅设计竞赛"大奖。

　　当我尽情在庐师山庄绕呀绕，惊讶的是，看来纯然白色外观的现代建筑里，有着合院般围塑的庭院，几何线条的庭院设计，让我脑海忽地闪过曾经走在爱琴海圣多里尼小岛的片段记忆和感觉。可是，它并没有爱琴海的蓝，房子也方正得很，没有爱琴海房子的那些弧线呀！情境怎会如此熟悉，叫我回想起曾漫步在那儿的时光？

　　我的疑问在访谈时得到解答，王昀说，如果建筑要改个名词，他认为，建筑是一种感受。

建筑不是照片

　　感受。是啊！就好像出生在哈尔滨的王昀，至今仍记得小时候的哈尔滨中央大街上，许多房子上布满着"大花卷"，后来才知道，那是柱子上的雕花，是哈尔滨殖民时期欧式古典风格的折衷主义建筑；而他可不管这些柱子分几种柱式，只爱在那些小街道拐来拐去，跑去别人家四处玩。"大花卷"的视觉印象有没有影响到

王昀后来的建筑设计？从建筑形式的结果来说，是没有的；但就居住的生活感受来说，怎么知道没有？

这也验证了他大学时期接触的建筑思想潮流，后来是如何被他自己的感受所颠覆。王昀提到，他念的是北京建筑工程学院，入学那年是建筑系才设立的第二年。在他上大三时，建筑系成立图书室，老师们从深圳买了一批书，其中有80%是来自日本的书籍，小部分是台湾翻译有关结构主义的书，还有零星几本欧美建筑书。当时是20世纪七八十年代，日本建筑业蓬勃发展，成就了好几位大师，像是代谢派的丹下健三、灰空间理论的黑川纪章等人，刚好跟美国后现代主义浪潮结合，对当时的中国造成极大影响，也导致学校的教学方向偏向了后现代主义，并给学生两个概念，那就是关于现代主义的"冰冷"和"没有人性"，同时造就了如今北京充斥泛滥的"后现代城市"的结果，王昀笑道。

20世纪90年代，他到日本念研究所，成为以研究世界聚落出名的主持教授原广司和助理教授藤井明的学生。趁着研究世界聚落之余，王昀也顺道去看看那些所谓"冰冷"和"没有人性"的现代主义建筑，没想到，从此对现代主义建筑改观。例如，他走进柯布西耶的Savoye别墅（Villa Savoy，法国，1931年）、La Tourette修道院（La Tourette，法国，1960年），游走其间时，感受到的是空间层次的丰富性，让感官体验有着很细微的变化，完全不像书上照片那样冰冷、单调，他在里头绕呀绕，竟忘了时间。因此王昀有感而发：建筑不是照片，建筑不是造形，建筑是空间，是人到里面去体验后的一种感觉。这才发现，所谓的历史定论，其实都是出自某些人的观点，不一定真实，反而亲身去经历、

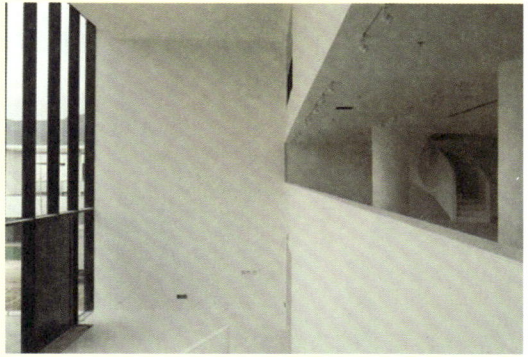

17

去体会，那种感受才是真的。

世界聚落 10 年研究

对于感受的重新定义，还与他 10 年来在日本研究聚落有着密切关系。

研究室的主持教授原广司很有名气，不过，原本学数学、中途改念建筑的藤井明教授却影响他最深。王昀的博士论文就是由他指导，论文内容是全面性调查世界各地的聚落，将所有总平面图都输入计算机内，编程序去做分类，最后，世界各地的聚落就会在一张纸内变成许多小点，就能解析世界各地聚落之间的关系。

透过这样的数学分析法，王昀发现，原来世界各地的民族性、地域性差别并不大，聚落布局的方式也就是那几种，所有的方向、距离都可以摆在一张纸上对话。他在想，别人家的住宅和自己家的住宅不会有太大区别，唯有材质不同，以及解决地域问题的不同。例如这区域常下雨，也许屋顶会陡一些；或者当地缺乏石材，就用木头代替，这些完全取决于人类为了解决问题的生存之道，既不是为了某种抽象的思考去盖建筑，也不是为了某种既定的建筑风格而存活。从这点来看，风格一点意义也没有，王昀认为，应该要更强调"人"的概念才对！再者，他在做聚落调查时也发现，文化不存在优劣的问题，并无所谓西方好还是东方好，因为人们都是为了解决生存需求，所以人人都是建筑师，这一点对王昀来说也是特别重要的体会。

这 10 年，他跑遍全世界，如欧洲、中国、地中海、摩洛哥等地，每次都待上一到两个月的时间。他回想没有从事建筑设计的 10 年，都在感受。像是爱琴海附近小岛，以蓝天、大海、沙滩组成了主要的视觉景象，抽象的风景也让当地人民创造了充满弧线、蓝白两色的美丽房子。还有一次他去四川，爬到海拔三四千米的高度时，竟下起鹅毛般的大雪，他突然发现，原来中国传统国画不是"写意"，而是"写实"啊！因为那国画的图像就跟他眼前的风景一模一样；他既而想，欧洲有很多充满曲线的风景，但中国则有太多奇山异水，这似乎也解释了中国的房子为何都方方正正的原因，因为要是再盖一个奇怪的房子，人的存在感就会不见了。

像这样的心理感受，一层一层剥开再往里头探，说也说不完。这 10 年对王昀而言，是感受性的丰富，他对现代建筑有了全新的认知，也因研究世界聚落而建立了世界观。他在想，回到中国后，要把这些感受到的美好，体现在空间里，跟人们分享。

感受化为实践的建筑

王昀说："我走了多少，感受到了多少，脑子里就有多少。"人的意识与经历、体验都分不开，因此，当回到中国开始实践建筑个案，中国的、或是世界各地某个地方的抽象感受，自然都会在个案里浮现；当然，不是直接反射世界的风景，这里还加上一个建筑师的角色，糅合了所有现实世界的经验和体会。这也似乎

解释了，为何在"庐师山庄"里 我竟想起在爱琴海小岛的记忆，没有透过言语，没有相同建筑形式的表现，也能体会到那种抽象性的感受。

"如果这样的话，是不是本土语言，以及所谓的国际样式这件事，并不存在于您的思考中？"我这样问王昀，王昀答道："我认为是存在的，只是它不存在于一个形式里，而是存在于我的大脑中，被我大脑融合了。这样一来，想要超越自己唯一的方法，就是提高自己思想的高度。"

唯有精神可以超越物质，提高思想高度，才能把建筑这样的物质处理好。王昀走访了世界各地的聚落，得来这样一句精简的结论，也很像数学公式，解答了世界的秘密。

王昀 vs. 世界聚落

除了"庐师山庄"，走访由王昀所设计、正在施工的石景山财政局、幼儿园及中学，看看他设计的自宅，这些白色、水平带窗，充满几何线条的现代极简风格，构成了许多人对王昀作品的观感。王昀说，曾有朋友问他："你调查世界聚落，作品应该会显得更丰富，怎么反而更简单了呢？"

其实回过头来看他的博士论文，就会知道其来有自。在他的论文里，所有的世界聚落在数学公式计算下，都变成再简单不过的几何方块。他突然有感而发，言语中尽是对藤井明老师的尊敬，他说："有什么东西是没有国界的？我认为是数学。数学是人掌握、认识这个世界

的法器，甚至哲学都是靠数学发展。"数学家脑子里的微度，非常人所能想象，他们表现出来的世界都是 1、2、3、X、Y、Z，用简单的数学公式解释世界的现象。牛顿万有引力公式、爱因斯坦的相对论 $E=mc^2$……不啰嗦，一行公式说明一切。王昀还说，数学也讲美的，从公式的利落与否，就知道一定还缺了什么，还有因素没有考虑彻底。他言语中的佩服，落实到建筑的实践中，也成为了几何方体、表现空间纯度的精神所在。

没有走向学术研究之路，王昀喜欢在设计时实现脑子里想的事情。我翻了翻他的博士论文，也好想拥有一本这样呈现建筑透过数学分析之后、纯度之高的聚落研究专著，我想，王昀该是藤井明老师的得意门生！王昀笑了笑，他说，至今 30 多年了，这个研究室还在研究聚落，精神更令人佩服。而唯一能证明什么的，大概是原广司和藤井明的聚落研究相关书籍，由日文翻译成中文版，都指名找他审订。■

百子湾幼儿园和中学 / 王昀摄影

方体空间工作室

方体空间工作室一角

工作室窗外的景色

到了北京西站附近的建工集团，15楼有间办公室，就是"方体空间工作室"。王昀与建工集团有着合作关系，从窗户往外看，一大片合院建筑已被摧毁大半，一旁的挖掘机、起重机也占据了视线，王昀走了过来，说，这就是北京现状。

他将工作室取名为"方体空间"，是因为刚回国时，对于北京的建筑现象很有感触。他在想，建筑应该有更本质的东西需要追求，"方体"两字是作为设计基础的模数，而"空间"则是对比例的探求，如此组成了工作室的名字。

穿着一身黑衣的他，对于设计可是有着数学般"精微"的追求。他常对着画图的员工说："这里再向上1毫米，或向下3毫米。"有画图的人问，只是毫米之差，这样有意义吗？"意义就在1毫米、2毫米之间，这就是设计！"设计体现的地方就在于为何这是1毫米、这是3毫米，接着王昀又放大尺度来看，"你在图纸上看是毫米，在工程上可不是毫米，可能是10厘米……"这时他可像个数学家啦！

Sako Keiichiro

迫庆一郎

立足中国 开拓世界

进入 **SAKO** 建筑设计工社网站，网页中有个 **projects** 选项，可以看到一个世界地图的轮廓，上面有许多小红点，旁边的文字叙述则标示着所有建筑设计工程的地点以及时间。从日本东京珠宝首饰加工店作为第一个小红点，紧接着，小红点又跑到了中国的天津、金华、北京、济南，然后是韩国……眼见小红点的数目快速增加，迫庆一郎的设计个案基地面积也以倍数增长，几千平方米、几万平方米，以至于几十万平方米……

1970 年出生于日本福冈县，1994 年毕业于东京工业大学，1996 年毕业于东京工业大学研究所。1996~2004 年间，任职于山本理显设计工场。2004 年正式在北京成立 SAKO 建筑设计工社。2004~2005 年间，以日本文化厅的外派艺术家身份赴哥伦比亚大学担任客座研究员。

立足中国 开拓世界

　　用这样一个标题来谈迫庆一郎，还真适合不过，这个标题也是 2007 年底他在日本 GALLERY MA 艺术展场所举办的展览题目。展览内容为迫庆一郎从 2004 年在北京成立事务所后，所开展于各地的建筑案。很难想象，成立事务所这三四年时间，迫庆一郎已完工、设计中，或正在建造的个案多达 30 个，地点遍布中国、日本、韩国，以及欧洲。在世界都关注着中国的当下，来到中国的世界建筑师也络绎不绝，迫庆一郎扮演了其中之一的关键角色，叙述着精彩的能量与开拓的脚步。而他也没想到，2000 年来到中国后，竟从此转变了他个人的建筑命运，不仅落脚北京，也望向了世界。

穿中山装的北京印象

　　这一切，还得先从北京的建外 SOHO 说起。1996 年自东京工业大学研究所毕业后，迫庆一郎就到山本理显的事务所工作；2000 年，当日本建筑界还没有人注意到中国时，山本理显是少数几个关注中国的建筑师之一，并在张欣与潘石屹的邀请下，受邀为他们所投资的 CBD 区域（CBD，英文 Central Business District 的简称，指商务中心区。北京 CBD 总体规划为：西起东大桥路，东至西大望路，南至通惠河，北至朝阳路，总占地面积 3.99 平方公里）——"建外 SOHO"做设计，迫庆一郎就是由山本理显指定，来到北京负责此一项目的主要建筑师。

　　准备动身到北京之前，迫庆一郎对北京的想象，还停留在日本人对北京根深蒂固的印象——20 世纪五六十年代，大家穿着服装款式类似的绿色或蓝色衣服；男生则穿着中山装，并带着毛泽东年代的帽子。因此，当他在 2000 年国庆节来到北京时，完全被北京的现代化所震撼；原来，北京已经不是农村了，大街上除了自行车外，还有汽车；CBD 区域也矗立着许多高楼大厦，有些人就住在公寓里。这是初来乍到的视觉印象。

然而，迫庆一郎形容，北京除了"大东西"，还有"小东西"。当你看到马路边一大片高层建筑时，很可能另外一边却是老胡同。迫庆一郎用"大"和"小"的对比来形容在北京生活体验的反差，这种反差，让北京不像其他国际大都市般拥挤，也让他思考到自己作为一个个体，如何与城市平衡，且能适应这样的空间感；同时，他也意识到，这样的反差让北京有着足以区别于其他国际都市的独特性。

建外 SOHO　建筑命运的开启

当时年岁才 30 出头的迫庆一郎，就这样入驻了北京，掌控"建外 SOHO"里几十万平方米工地现场的流程和进度，也打开了他的北京之路。有趣的是，当时山本理显事务所在日本也正在设计一个 SOHO 房地产建筑，设计过程中，日方业主不能接受的概念，在北京的业主张欣与潘石屹，却能与建筑师有一致的意见，因此造就了建外 SOHO 完整建筑理念的实现。

总面积将近 70 万平方米的建外 SOHO，是世界大都市中少见的大型现代建筑群，从立面看去，统一的白色格子状外观，每栋楼有着高矮和间距的差异，从地铁国贸站出来后，每走几步路都可看到建外 SOHO 不同的景观，有时视野能穿透这些建筑群，有时则看到店家运用透明玻璃格子，排列着整齐的广告。迫庆一郎提到，这样的立面构想是来自于当年 3 月到意大利旅游的启发，他参观了十三四世纪的意大利塔群，那些高低参差的塔群给了他灵感，正巧就在那年冬天，运作了建外 SOHO。而建外 SOHO 一完工，就为北京房地产投下震撼弹，市场上前所未有的设计风格和经营模式，都造成销售的热潮和佳绩。

因为这个案子，大家认识了在山本理显事务所工作的迫庆一郎。当案子完工后，迫庆一郎正思考去留的问题，没想到熟识的两位中国朋友，询问他是否想要成立自己的事务所，并愿意介绍案子给他。于是，就在连办公室都尚未设立的情况下，迫庆一郎接到两个面积颇大的项目，一个是在天津的房地产项目、一个是金华的交通局项目，而事务所就这样成立了。

这样的际遇，在日本恐怕是不可得的，迫庆一郎甚至说，在日本不可能有这样的机会。在日本，经历、工作资历，甚至辈分都是业主选择建筑师的考虑条件，别说是年轻的事务所了，可能就算成立了十几年的事务所，都还无法接到这样的个案。这也说明了中国建筑惊人的建造速度，以及中国业主期待现代化建筑的开放态度，这都给迫庆一郎提供了最好的机会。而他能掌握机会，在建筑上实践、累积所有可能，也使他在中国的经验，成了面向世界的绝佳跳板，并通过在中国展现的实绩，让日本的建筑界重新认识他。

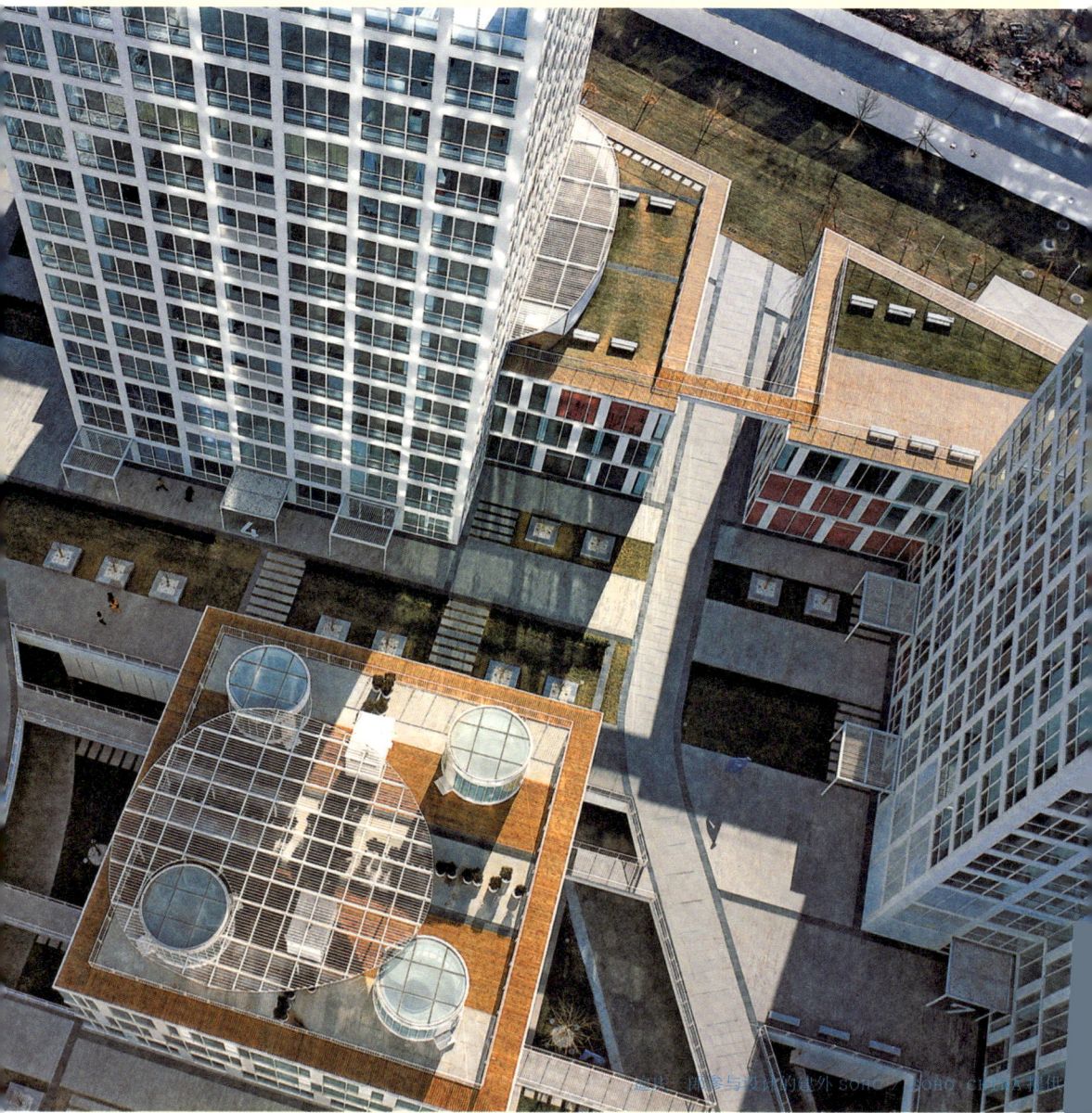

迫庆一郎参与设计的建外 SOHO（SOHO CHINA提供）

异地奋斗　执著结果

　　然而，要展现成绩，背后付出的代价也颇大，毕竟在中国工作，是与日本截然不同的经验。迫庆一郎说，想要做到日本人那样对质量的要求，往往要投入 3 倍的精力。而且日本的工作方式是直线型的发展，设计师会与业主不断讨论、确认方向后，再往前推进，在设计之初就能预料得到的结果；而中国的工作方式却是折线型的，业主的想法有时偏左、有时向右，甚至有时还要折回来继续做，往往结果跟设计之初的想法大相径庭，这是他这几年间努力适应中国业主的地方，虽心力交瘁，但也颇有收获。

　　此外，他为了确保建筑的施工质量，经常无偿地去监工，而这点也是中国建筑师较为缺乏的部分。在迫庆一郎的观察里，中国建筑师在概念上有着很好的想法，但却在工程管理上不够坚持，不执著于自己想要的结果，因此建筑的施工质量往往较不理想。

　　这样坚持的迫庆一郎，随着北京成为其基

地、成为设计现场，事务所的成长速度越来越快，日本也开始有许多业主找他做设计，2007年下半年，迫庆一郎已着手进行在日本成立事务所的相关业务。这让我想到，正如许多明星在当地人还不熟知他时，却在外国走红，而后风潮从国外夺回国内，建筑界的迫庆一郎也是如此。他借着在中国执业的傲人成绩，而拥有日本年轻一辈建筑人少有的幸运，可以不以年纪、资历论英雄。你说他真幸运吗？但若没有两把刷子，何以能在世界建筑人如滔滔江海般竞争的中国立足？

我去拜访他的那个星期六下午，就见到事务所里一贯忙碌的模样，有人在开会进行讨论、有人制作模型、有人在计算机前做3D……20多人规模的事务所，其中十几个人是迫庆一郎在日本招募到北京工作的同事；他也找了3位娴熟英语、日语的中国翻译，不仅处理翻译事宜，还要帮忙做许多流程的建档。SAKO建筑设计工社俨然已经具备了国际团队的规模，也将写下一个又一个关于2000年以后属于北京的建筑事件。

迫庆一郎与中国

迫庆一郎地图上的小红点落脚在北京、天津、济南、金华、杭州等地，他本人也在中国大江南北四处跑。当地特殊的民俗风情或材质的使用是否影响到他的设计，则是我所好奇的。

迫庆一郎讲了一个例子，惹得大家都笑了起来，很直接的感受，也很直接的体现。他说，他感觉北方和南方最大的差别就是冬天，北方有暖气，但南方大部分地区的室内是没有暖气设备的；而北方冬天干燥，南方的冬天则很潮湿。因此，北方的户外没有南方的户外冷，更别说进到室内因为暖气而暖呼呼的；而南方呢，因为潮湿的关系，室内比室外还要冷，因而南方人喜欢待在屋外。

他印象最深刻的是，好几次他到南方的金华跟业主在饭店内开会，业主就推开大窗让冷空气进来，这样一来他会觉得暖和些；可是迫庆一郎在冷空气灌入时，冷得直打哆嗦，真想把窗户关上，但碍于业主在场只好作罢。由此，迫庆一郎发现北方人和南方人在面对冬天这件事情时，从态度到对待方法上都是不一样的，南方人显然更耐冷。因此，他在南方做设计时会特别考虑到通风，以及营造半户外的环境和感觉，而在北方常使用的双层玻璃，到了南方也变成了单层。■

迫庆一郎参与设计的建外 SOHO

SAKO 建筑设计工社 /SKSK Architects

墙面上贴满了规划中或正在施工的现场照片

SAKO 建筑设计工社

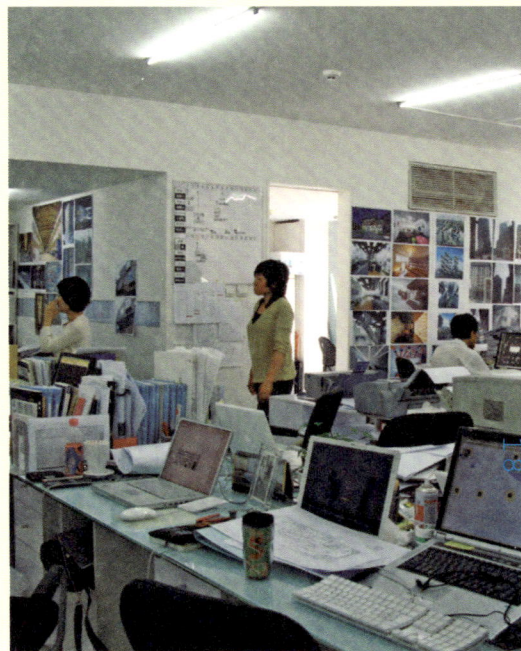

星期六也要上班？是的，中国企业普遍实行一周休息两天，不过这项规定，在 SAKO 建筑设计工社并不适用。SAKO 建筑设计工社业务实在不少，正在施工中的项目就有 13 个，更别提还在设计提案的项目了，因此星期六的下午是要上班的，而平日的晚上，熬夜工作也成了家常便饭。

事务所位于建外 SOHO 8 号楼的第 18 层，整个白色明亮的空间，墙上贴满了规划中或施工中的照片。我以为一眼望去已看尽了所有空间，没想到要转入洗手间时，又发现还有一个工作空间，撞见了一群正埋头工作的建筑人。另一边，听见翻译正为日本的同事跟中国同事解说着设计，这里处处洋溢着昂然的工作情绪，而且井然有序，见不到任何焦头烂额的忙乱，令人不得不佩服一个国际团队应具备的专业水平。

也由于北京追求时尚的气氛仍不像上海那般浓烈，因此在这个事务所里，10 多个来自日本的同事，迥异于我们对北京街头人们穿着的印象，让我们很难得地见到了穿着打扮十分日系时尚的建筑人。而我想，也许再过两年，北京的风貌不变，很快地跟上了国际性发展，在全球化的浪潮下，时尚风貌或许也会被同化了。

这个节骨眼，很难得地记录了正在冲撞的当下，而此刻在建筑的领域里，又何尝不是如此呢！

www.sksk.cn

Critic

建筑评论

从建筑评论家眼中来看北京，会折射出不同时代思潮的变迁。当我们从这样的角度来看建筑评论家的重要性，就会发现这群人对城市建设与发展所造成的巨大影响力。

王明贤 > 2006年威尼斯建筑双年展中国馆的策展人，策划过中国第一个实验建筑展。而早在1986年，王明贤就与同为建筑评论家的顾孟潮一起成立"中国当代建筑文化沙龙"，召集了许多关注建筑理论的建筑界人士，不定期在媒体发表文章，并举办学术活动，希望借着这个全国性建筑理论民间学术组织，让政府机关听到不同的发声。

史建 > 在北京迎接奥运倒数365天的盛大庆典上，北京中央电视台特地邀请他上节目评论奥运建筑项目对未来城市发展的影响。他曾与王明贤在2005年首届"深圳城市＼建筑双年展"中推出《超速状态：中国城市／建筑十年》作品，这是第一次，建筑界有人以线性的编年史，来记录中国的建筑发展的10年。

方振宁 > 活跃于台湾建筑、艺术杂志的文化评论家。在1996年12月刊的《艺术家》杂志上发表《雷姆·库哈斯旋风到亚洲》一文，成了中国大陆第一位介绍库哈斯的评论家。原本北京、日本两地跑的他，目前决定定居北京，用文字参与中国现代建筑史上的重要时刻。

从建筑评论家的视野和思考敏锐度来看待北京城市建筑的转变，具有一定程度的专业性和精准度。这本书的最后，就收录3位北京重量级建筑评论家的专文，让我们对北京新建筑能有更全面而专业的认识。

Wang Ming Hsien

王明贤

溯源北京现代建筑形象

1954 年生于泉州，1982 年毕业于厦门大学中文系。曾任
《建筑》杂志主编、《建筑师》杂志副主编，现为中国艺术
研究院艺术研究所副所长，兼任中国建设文协环境艺术委
员会副会长。著有：《中国建筑美学文存》《新中国美术图
史：1966~1976》等书，被学术界评价为"文革"美术史研
究的先驱。目前活跃于当代艺术及建筑领域，曾任 2005 年
第 51 届威尼斯双年展中国国家馆执行小组成员、2006 年威
尼斯双年展第 10 届国际建筑展中国国家馆策展人。

话说 2006 年的威尼斯建筑双年展，当 60000 块来自中国旧建筑的瓦片出现在威尼斯时，引起了世界建筑界的注目，这是中国第一次参与世界建筑界的盛事，而中国馆的策展人之一正是王明贤。在这之前，2005 年威尼斯"艺术"双年展有史以来首度出现"中国国家馆"，王明贤也是执行小组成员。

　　这两件中国的大事记，王明贤均参与其中扮演重要的角色，在中国艺术界、建筑界的重要性不言而喻。其实早在 20 世纪 80 年代，中国兴起"85 新潮艺术运动"时，王明贤就已是建筑界里提倡新建筑观念的评论家。他与顾孟潮担任召集人，在 1986 年成立"中国当代建筑文化沙龙"。这个组织的主要成员多是在学术上颇有建树的中青年建筑师和建筑评论家，他们共同探讨中国现代环境艺术，以及 20 世纪 80 年代以来新建筑面貌等问题，并将想法发表在报刊媒体上，希冀通过舆论改变中国建筑千篇一律的面貌，引入新的建筑观念。

　　当时的王明贤可说是"现代激进分子"，充满了理想，也对中国建筑的发展寄予厚望，沙龙组织就这么运作了 5 年。而近几年中国当代建筑有了新发展，国外建筑师也在中国申奥成功后纷纷来到中国，有别于老一派建筑家对中国成为世界建筑师实验场的担忧，王明贤则对这些建筑大师来到中国，采取支持的立场。但经过这两三年，当这些充满前卫实验性的建筑开始被构筑起来时，王明贤则不改对中国建筑关注与批评的态度，而不断检视这些大胆而前卫的建筑所存在的问题。他说："我在想，这些不一定是北京最好的建筑。"

他是如何看待中国现代建筑发展的脉络？中国的历史政治如何交织形成北京城市的样貌？透过王明贤的观点，追溯20世纪北京重要的现代建筑，也许就能以古鉴今，得到最好的启发。

3个时代断面造就北京现代建筑形象

王明贤分析，有3个时代断面构成了北京现代建筑的形象，因为这3个不同的时代背景，形成了非常矛盾复杂的城市建筑群体，也让整个城市的建筑形象迥异于欧洲古都的发展历程，而具有独特的魅力。这3个时代断面分别是1949年以前——皇家建筑群和四合院民居体系，1949~1979年间——社会主义中国形象的建筑，以及1979年之后——改革开放后的现代建筑。

1949年以前的北京，是由紫禁城的皇家建筑群和四合院民居体系构成最大的建筑面向，其中皇家建筑群更是世界历史上无与伦比的巨大宫殿建筑群。1949年，共产党主政建立了新中国，为彰显开启新时代的意义，在建国后的30年间（1949~1979年），出现了大量社会主义中国形象建筑，也形塑了此一时期的北京城市意象，其中最具代表性的就是天安门广场的建筑群，如人民大会堂、中国国家博物馆、主席纪念堂等。在广场设计之初，包括周恩来，以及主要建筑师张镈、赵冬日等人，就不断研议广场的尺度要多大、建筑量体要多高，才能造成震撼力，也因此造就了如今天安门广场成为世界最大的首都广场，轻易就能召集几十万人。在王明贤看来，整个天安门广场的改造之于社会主义形象的塑造，无疑是成功的。

1959年，正逢建国十周年，为塑造新形象，党中央喊出"十大建筑"的口号，强调建筑须具备社会主义的民族形式，因而此后的建筑在传统古典样式中开始出现新的元素。例如，当时的人民大会堂就以屋顶上一排琉璃瓦，加上西方柱式与中国古代圆柱的融合设计，展现了所谓的民族形式标志。王明贤说，当年看起来总觉不妥，毕竟没有西方沟痕的柱子稍显得臃肿了些，不过，现今来看却也颇有味道。像这样结合古典的现代性成为此时期建筑的特点，在十大建筑里，1950年完工的天文馆、1959年完工的民族文化宫，以及1962年完工的中国美术馆，都是此时期将古典形式与现代感完美融合的建筑案例。而接下来，却发生了1966~1976年间的"文化大革命"，对中国许多古建筑造成了很大的破坏，也让此10年间建筑的理论和创作处于停滞状态，直至1979年改革开放后，北京才兴起现代建筑的风潮。

1979年，政治上的改革开放为北京带来新面貌，此时期有两个非常重要的建筑，那就是香山饭店及中国国际展览中心。1982年完工的香山饭店，是由现代主义建筑大师贝聿铭设计，这件作品成功结合了中国民居的形式，也就是以他的故乡——苏州园林的灰瓦白墙为原型发展而成。这个概念对当时中国的建筑师有极大启发，颠覆了当时认为直接引用传统建筑的琉璃瓦或复制大屋顶才叫做中国建筑的迷思。虽然当时园林设计因为大量砍伐古树而引起争议，然而他设计的18处园林景点极富创意，其中一个景点仿照王羲之《兰亭序》中描绘的"曲水流觞"场景，却以现代园林的手法表现，王明贤认为是很成功的操作手法。

1985年建成的中国国际展览中心则可谓北京第一个由本土建筑师设计的现代建筑，当时完工后曾引起建筑界的高度瞩目，王明贤甚至形容这个案例"非常令人激动"。来自北京建筑设计院并留日归来的柴裴义在此个案里，以四个白色大方块塑造了展览中心利落而简洁的风格，完全体现了现代建筑的精神。然而，在那个时期，根本不容许盖这样的现代建筑，因为当时北京官方规定新建筑必须具备古都风貌，而中国国际展览中心却因当时来不及审查，竟阴差阳错体现了完整的设计概念，而造就出具时代意义的建筑。

1989年，建筑师马国馨设计的国家奥林匹克体育中心体育馆，成了北京当时很重要的建筑。马国馨将过去单纯的场馆设计，衍生为现代环境艺术概念下的公园，从建筑配置到道路规划，都符合了当时世界的设计潮流。同时，他还找了当时尚未成名的年轻一代艺术家来创作雕塑，并将作品摆设在公园里，而这些艺术家如今都是国际上赫赫有名的雕塑家。1990年则出现了王明贤认为北京真正第一个引进外国建筑师的案例，那就是由日本建筑师黑川纪章（Kisho Kurokawa，1934~2007年）所设计的中日青年交流中心，此个案所呈现的后现代建筑理念，为中国带来了当代日本建筑的新概念。

2000 年后城市超速发展的后遗症

　　反省过去，思考现在，当中国历经了改革开放时代，迈入 21 世纪后，又因迎接 2008 年奥运会的关系，开启了另一波更大幅度的城市建设，超速的发展带来丕变的城市景观，隐忧也随之而来。

　　王明贤说，有两种状况对建筑师最不利，也最不利城市建设的发展。其一是建筑师没有实践建筑的机会，其二是案子太多让建筑师消化不了，而偏偏这两种状况，都让中国建筑师遇上了。"文化大革命"期间，许多建筑师面临无事可做的窘境，但二三十年后的现在，案子却又多到做不完，建筑师无暇潜心研究，只能被案子追着跑。王明贤也提及现今北京大量拆除旧房、增建新房的现象，这些建筑神话带来了经济上的利益，造成人们的投机心理，对社会的发展也非好现象。

　　反观当下因奥运而大量兴建的城市景观，这些划时代的建筑，有无影响老百姓对建筑的看法？除了形象上的华丽壮观，建筑师或业主是否真的考虑到建筑与城市、建筑与人们生活的关系？中国或北京的建筑，究竟会朝什么方向发展，或该往哪个方向前进？

　　在王明贤看来，这还真是条困难的道路。既不能全靠国外建筑师，也不能依赖中国老一代保守的建筑师，他认为，应由中国年轻一代建筑师来完成这个任务。只可惜，奥运这样重要的机会，请来了国外大师级的建筑师操刀，没能把部分机会让给中国建筑师，让他们得以同台竞技。王明贤说，若有机会表现，也许中国建筑师的整体水平会因此提升。

　　这个遗憾，如今只能在历史的长河中随风而逝了。■

Shi Jian

史建

中国城市建筑 10 年 1995~2005 年

1962 年生于天津。现任北京一石文化传播有限责任公司策划总监,《城市中国》月刊顾问,《今日先锋》《建筑业导报》杂志编委、国际知名建筑杂志《Domus》（国际中文版）访谈专栏主持。长期从事城市、建筑文化评论与研究,以及相关图书、展览的策划、编辑工作。著有《大地之灵——东西方经典建筑艺术的魅力》（山东画报出版社, 1998）、《图说中国建筑史》（浙江教育出版社, 1999）等书。曾参加首届"深圳城市\建筑双年展",与王明贤合作《超速状态：中国城市／建筑十年》作品,并于 2007 年 6 月在北京国家图书馆独立策展"再生策略：北京旧城——西四新北街概念设计国际邀请展"。

http://blog.sina.com.cn/shijianblog

　　启程到北京之际，在 2007 的 4 月号《诚品好读》的《阮庆岳 × 史建——寻找我城的建筑定位》一文，读到中国建筑评论家史建与建筑评论家阮庆岳的对话，史建自陈：

　　我是以一个文化上的精神分裂者的状态看待这个城市的，一方面哀戚它历史的衰亡；另一方面亢奋于它的剧变。一方面记录正在逝去的旧城；另一方面欣赏那些崛起的空间（我就住在 CBD 边上，每天在 26 层目睹这一带都市空间的生长）。一方面无情地批评都市疾速蔓延中的问题痼疾；另一方面暗自欣赏活体一般的空间演化现实。在这里，表话语与潜规则之间巨大张力的呈现，民间的绝望抗争与强旺生存智慧的并现，新都市空间的自戕与修补策略的游戏……这一切都是比城市未来、本土定位等问题更有趣。或者，中国都市空间与建筑现实的演化都不是按照国际已有的模式发生和发展的，它绝对有自己的"一定之规"，那么发现、研究、批评进而修整之，正是我们现今最迫切要做的事。

　　当我踏上北京，才发现整个城市几乎沸腾似的在庆祝着奥运倒计时，几个重要的媒体不约而同采访了史建，其中，中央电视台也请他上节目评论奥运建筑项目对未来城市发展的影响。而我手上拿到刚出炉的《周末画报》主题正是"2008 北京预见的奥运"，一翻开，史建的访谈就在第一页。显而易见，史建的评论意见之于现今的北京有着相当的重要性，而他也难掩身为一个建筑、城市研究评论者，对北京城市有着超速发展的忧虑。

　　史建提到，北京正患上难以医治的 2008

1995 年
由日本 TOTO 出版《世界的建筑家 581 人》(世界の建筑家 581 人，TOTO 出版，1995)，其中中国大陆建筑师部分由王明贤推荐、撰稿，介绍布正伟、马国馨、王天锡、王晓东、彤同和、张锦秋 6 位中年建筑师，及张永和、赵冰两位年轻建筑师。

1996 年
张永和 北京席殊书屋。

1997 年
台湾《艺术家》杂志第 9 期刊文报道，介绍了荷兰建筑

师库哈斯的作品"珠江三角洲计划"，此作品是以库哈斯在哈佛大学的一项研究计划为基础所发展而来的。

1999 年
"中国青年建筑师实践作品展"是中国第一次举办实验建筑展，曾从中国美术馆撤展，后由国际建筑师协会 (International Union of Architects, UIA) 在北京举行的"世界建筑师大会"中，假国际会议中心展出，由王明贤主持，参展建筑师：张永和、赵冰、汤桦、王澍、刘家琨、朱文一、徐卫国、董豫赣。

国家大剧院确定采纳保罗·安德鲁的设计方案。

崔恺 北京外语教学与研究协会。

2001 年
2 月 北京地产商潘石屹、张欣投资的由张智强、坂茂、崔恺、严迅奇、简学义、安东、隈研吾、堪尼卡、陈家毅、古谷诚章、张永和、承孝相，12 位亚洲建筑师设计的"亚洲建筑师走廊"启动，此项目最终被命名为"长城脚下的公社"。2002 年参加威尼斯建筑双年展，张欣获"建筑艺术推动奖"。

北京 798 艺术区。

崔恺 北京外国语大学逸夫楼。

北京商务中心区 (CBD) 国际规划竞赛揭晓，由美国约翰逊·费恩事务所 (Johnson Fain Partners) 获首奖。

2002 年
5 月 举办 20 世纪 90 年代北京十大建筑评选，入选案例有中央广播电视塔、北京恒基中心、北京国际金融中心、新世界中心、首都图书馆新馆、北京新东安市场、北京植物园展览温室、清华大学图书馆新馆、国家奥林匹克体育中心与亚运村、北京外语教学与研究出版社办公楼等。

临界症，仿佛把城市的未来仅仅设定在这个"可见的节庆"，真正的未来被放逐、漂浮了。奥运结束后，这个超速、亢奋的城市能不能有一个自我反省、修补的机会，身为一位建筑评论家，这成了他最关心期盼的事。

中国建筑师的 10 年

2008 年奥运之于中国建筑关系为何？访谈一开始，就谈到中国建筑师目前的处境。追溯当年张永和在美国成立事务所后，回到北京从事建筑设计，开启了中国独立建筑师事务所的新时代。如今想来，竟也不过是这 10 年间的事。

可以说，中国建筑师起步才 10 年，但北京申奥成功，使他们不得不面临与国际建筑师同台竞技的剧烈变化。有人说奥运建设本该给中国建筑师机会的，然而这场竞技很公平地筛选出了孰优孰劣。史建也提到，几个过去曾在建筑学术研究上成绩斐然的建筑师，如今都呈现停滞的状态，显现面临国际化时代的压力下，

没能再往前进的窘境；又或者选择向国际化靠拢，而失去了自身的特色。他说："我觉得这个时代的建筑应该在设计概念上再进步，这才应该是奥运之于北京最大的意义。"

然而中国建筑的未来，也不能以惯常的建筑史发展角度来看待，那样太悲哀了，所以史建以另一种方式观看中国建筑师的变化。他认为，中国建筑师在这十几年间让中国产生了翻天覆地的改变，这种转变不仅专业，甚至超专业，包括工作效率、特殊的工作经验与策略，都有可取之处。相对的，这样的工作经验和策略也正在回流，对西方产生影响。2005 年、2006 年之际，张永和与马清运先后到美国，担任 MIT 建筑学院系主任和南加州大学建筑学院院长，中国建筑工程的一些经验和策略终于有机会运用在西方教学的实验上，这是个很有意思的现象。史建认为，中国的未来可能不会在建筑实践上，反而是在建筑策略或教育上影响西方，这是另一种成就。

2007 年 6 月史建策划了一个展览，邀请国内外建筑师对北京旧城提出再生策略。在策展过程中，他感受到了中国建筑师与外国建筑

12月 中央电视台新总部大楼设计方案揭晓，荷兰建筑师库哈斯的设计方案中标，并与上海现代建筑设计集团华东建筑设计院合作设计。该方案扭结的"双Z"造型，引起广泛争议。库哈斯说："CCTV试图为有关程序和建筑问题的讨论建立一个新的语境，以及一种普遍的质疑性，也为解决日益复杂的城市问题展示了新的可能性。"

2003年
1月 "北京城记忆——数字影像展"在北京展出，应用高科技数字技术展示老城门复原效果图、3D动画、老北京的城市风貌及相关知识。策划人为张永和、王明贤、王军、陈大阳、卢正刚。

国家体育场实施方案确定由瑞士建筑大师赫尔佐格和德默隆（Herzog & de Meuron）与中国建筑设计研究院联合设计的"鸟巢"中标。

6月 "中国当代艺术展"在巴黎蓬皮杜艺术中心揭幕，作为"法国中国文化年"的系列活动之一，首次展示包括建筑在内的近5年中国艺术，有崔恺、刘家琨、张永和、王澍、齐欣、大舍、马清运等建筑师参展。

2004年
9月 首届"中国国际建筑艺术双年展"，由文化部、建设部批准，首次在北京举办。虽然在策展过程中屡经风波，但仍体现了中国巨大的建筑市场对国际建筑师的吸引力。该展设置了一系列与地产营销有关的分展场，其主展览"无止境"最后藉助地产商的资助，得以如期在中国美术馆举行，是在中国现实条件下"混搭"的"闹剧"建筑双年展。

2005年
11月22日 北京市建委下达"关于加强拆迁现场房屋拆除施工管理通知"，指示今后拆迁单位将严禁使用恐吓、胁迫以及停水、停电、停气、停供暖、阻碍交通等手段，强迫拆迁的居民搬迁。

师在工作方式上的差异。打个比方说，若整个建筑过程中分五步走，中国建筑师会赢在前两步，毕竟中国建筑师最熟悉中国文化，但却在后面几步节节败退。像参加国际建案的竞标，不单只是建筑理念的实现，整个统筹驾驭的经验、与业主交流的过程都是重要环节，必须靠坚持、不妥协的意志去完成；然而，也许是中国人性格上较有回旋余地，缺乏西方建筑师坚持理念的韧性，而造就了建筑实践上的差异。

中国城市的10年 北京建筑大事记

谈了中国建筑师的10年，那该如何看待中国城市的10年？这就不得不提到2005年在张永和策展的"深圳城市\建筑双年展"上，史建和王明贤的作品《超速状态：中国建筑／城市十年》，以编年史的方式提供了横向分割、审视、解读历史的视点。这是建筑界第一次用线性时间轴的方式，诠释与记录中国建筑的10年历程。

此展览将中国城市的10年以1995年作为起始年，史建提到这个时间点的意义。1995年，大陆老一代的建筑师在完成了国家主义建筑后几乎销声匿迹，同时国家设计院体系也在此时崩解，不再是负责建筑设计唯一的单位。当时正处于主流人才大量流失的空窗期，而张永和的出现，也标志着独立事务所的开始。

而1996年，中国实验建筑才刚刚起步时（以张永和在北京设计的"席殊书屋总店"为代表），库哈斯（Rem Koolhaas）在德国卡塞尔文献展（Documenta Kassel）上推出了"珠江三角洲计划"，开始了对中国超速城市化情况强烈而锐利地关注。史建说，当年他们还是通过台湾《艺术家》杂志才知道库哈斯正在关注中国大陆，但整个中国大陆对现代建筑的体会仍不甚深刻，直到1999年保罗·安德鲁（Paul Andreu）设计出国家大剧院，从此投下了一个震撼弹……

整个编年史横跨了中国所有城市的建筑大事记，与建筑相关的展览、书籍论述等也都罗列一堂。上表摘录几个重要建筑或事件发生的时间点，或许得以窥探中国或北京建筑这10年来发展的面貌。■

Fang Zhenning
方振宁

用建筑见证 21 世纪中国历史性的一刻

认识评论家方振宁是因为台湾的《艺术家》杂志。在 2000 年以前，台湾还无法取得太多中国大陆建筑界的信息时，方振宁在《艺术家》持续发表大陆当代建筑的最新消息，成为台湾了解大陆建筑环境的重要来源。而后《EGG》杂志也邀请他撰述建筑评论，方振宁成了台湾读者最熟知的大陆建筑评论家之一。

方振宁，出生于南京，1982 年毕业于中央美术学院版画系。1990 年开始创作极限主义和观念艺术作品，长年于东京从事艺术创作和艺术批评。目前居住北京，活跃于现代艺术、建筑评论领域，大量参与策展活动，尤其关注多媒体艺术、当代城市与前卫建筑等议题动向。

http://hi.baidu.com/fangzhenning

他擅长以独特观点和视角来观察中国当代建筑关键性的发展，也经常在关键时刻，以最快的速度发表信息，其所撰写的文章在他的个人博客上获得许多关注与回响。当年中国还不熟悉库哈斯时，方振宁在1996年的《艺术家》发表了《雷姆·库哈斯旋风到亚洲》一文，成了中国大陆首位介绍库哈斯的评论家。而2002年北京中央电视台招标工程通过库哈斯的设计方案时，方振宁在消息尚未曝光前，率先在自己博客上发布消息，标题为"这是翻开中国建筑新的一页，是中国建筑的铁达尼号"，引来众多媒体的关注。

2000年时，原往返北京、日本两地工作的他选择定居北京，因为他不想缺席在中国现代建筑史上如此重要的一刻。他认为，中国迟早成为世界艺术文化的中心，而当下最重要的，就是促成此中心的形成。"如果能把好的建筑师介绍到中国，对中国造成影响力，这就是我的工作，我会持续写作。"方振宁说。10多年来，他的相关评论文章已累积超过100万字。

在他眼里，21世纪初的中国，有哪些人、哪些案例在关键性时刻成为中国建筑史的里程碑？而这些前卫建筑又将如何影响未来的北京城市景观？都将是有趣的观点。

在中国历史上留名——保罗·安德鲁

迈入21世纪之际，方振宁谈起第一个在中国投下震撼弹的建筑——北京国家大剧院。他举了中西文化交流史上两个来自意大利的重要人物为例：清朝宫廷画家郎世宁，以及明朝时来到中国的传教士利玛窦。郎世宁为引进西方文艺复兴时期开创的明暗写实画法，改用胶状颜料在宣纸上作画；而利玛窦则穿着中国服饰，借由传递西方科学知识来争取认同，达到传教的目的。他们不但要融入中国民情，还要以婉转的方法导入西方思想，这样的例子，说明了中国要接受外来文化的不容易。

因而，在世纪交替之初，国家大剧院的竞图在中国国家领导人江泽民和朱镕基拍板定案下，由法国建筑师安德鲁的设计案出线。此消息一传出，方振宁就认为，安德鲁将会在中国历史上留名。因为在充满政治性意涵的天安门

广场上，竟能允许外国人的建筑作品出现，这在中国历代王朝都是不可能的事。除了说明江泽民和朱镕基对于外来文化的开放与接受性，在这个时间点上，中国政府百分之百地接受了外国人的方案，也极具破冰性的价值。

然而，安德鲁设计国家大剧院所引起的争议是空前的，除了形式上的创新、无法融入人民大会堂等周遭景观的质疑外，方振宁还提到，20世纪50年代政府就有兴建国家大剧院的计划，却因"文化大革命"等因素而无法实现。这几十年间，许多中国建筑师都在等着争取这个项目，但最后却把机会让给一个外国人，情绪上他们无法接受，这又是另一个引发争论的复杂因素。

当然，国家大剧院确实有着耗电及光污染（指钛金属表面造成反光现象）的问题；再者，整个椭圆蛋形的国家大剧院，近看时有种突兀感，尤其置身于附近的胡同时，更像极了科幻片的场景。然而，方振宁提出一个观点——"城市必须协调才美，还是不协调才美？"如果当大家都以协调为美，那么看看西班牙的巴塞罗那，近年许多世界建筑师在这里盖起了个性鲜明的现代建筑，跟高迪设计的圣家堂形成鲜明的对比，这画面协调吗？其实一点也不，但你不会觉得它不美！方振宁说，将眼光放远，50年后，也许大家都会说国家大剧院是北京的古迹，也就没有不和谐的问题了。

中国建筑新的一页——雷姆·库哈斯

提到雷姆·库哈斯，连接到一个方振宁不会忘记的日期，那是2002年11月23日。他在网站上发表文章《库哈斯的CCTV翻开中国建筑新的一页》，率先媒体将库哈斯方案中标的消息公之于世，他的兴奋难以言喻。早在1996年，他就在《艺术家》杂志介绍了库哈斯到日本的旋风，而6年后库哈斯竟得以在北京操作建案。他第一时间告知日本记者这个令人振奋的消息，毕竟当年方振宁还在日本时，看见北京很多方案都由三四流的事务所中标，心里非常着急。因此当库哈斯终于有机会在北京实现理念时，他极力推介报道这个方案之于中国的重要性。

然而，库哈斯设计中央电视台新大楼所引起的争论也不亚于国家大剧院。怪异的外观、高昂的造价都成了外界批评的焦点。方振宁可不同意这样的批评声浪，他认为，库哈斯的设计不强调高度而强调体量。当你出了国贸地铁站，所有目光焦点都会集聚在CCTV，这栋建筑所呈现的聚心力，显示了设计的独到之处。方振宁特地提及库哈斯在美国设计的"西雅图公共图书馆"（The Seattle Public Library），周遭建筑都往天际发展，唯有这栋图书馆以自身独特的造型获得赞赏。这是库哈斯向来的策略，不在高度上追求第一，却能成功地吸引注意，CCTV也正是如此。

这个方案的通过是中国建筑史上的崭新一页，不像国家大剧院是由政府领导人来拍板定案，CCTV没有政治立场的干预，是民间第一个通过国际公开招标体系竞逐的方案；库哈斯成功拿到设计权，也对国际上其他建筑师起了带头的作用，从而对中国制度和市场产生了信心。其次，众所皆知库哈斯是个思想家，他的CCTV案带动了中国的建筑思考，堪称一场革命。果然没多久，赫尔佐格和德默隆设计的国家体育场方案——"鸟巢"中标，接着又是水立方的大胆设计。可以说，

CCTV 的设计无疑做了建筑概念上的大胆示范，让整个中国思想更为开放，在中国建筑史上绝对值得记上一笔。

世界建筑史中的开创性意义——鸟巢与水立方

"有了 CCTV 才有了鸟巢，有了鸟巢后才有了水立方"，方振宁这么说。因为拿到 CCTV 设计权后的库哈斯，受邀担任国家体育场方案竞赛的评委，也参与决定了鸟巢的命运。库哈斯认为，赫尔佐格和德默隆的设计，营造了家一般的温暖气氛与普世价值；而评委们也一致认同，这个方案大胆的结构特色，在世界建筑史的发展中将具开创性意义。在鸟巢案通过后，澳洲 PTW 团队才因椭圆状的鸟巢，决定以方正的块体来设计国家游泳中心，正好投合中国人对"天圆地方"的喜好，并以外观酷似水分子的独特结构，让水立方案在激烈的竞标中脱颖而出。

这下子，许多国外建筑师纷纷来到中国，把北京当做世界性的建筑工地，"北京成了国外建筑师的实验竞技场"的舆论也开始发酵。方振宁特别请教了纽约现代艺术馆（MOMA）的策展人对这件事的看法，对方告诉他，当初美国曼哈顿也有着同样的问题，美国建筑师无法得到当地的设计权，都是来自欧洲的建筑师拿到了竞标；而现今意大利和澳洲也是如此，只要自己城市的建筑被外国建筑师拿走设计权，就容易引发争论，全世界皆然。

因此从另一角度看，方振宁认为北京可以成为国外建筑师的设计现场，甚至是世界建筑的博物馆。毕竟很多人来到这里，不是为了看奥运，而是为了看建筑。

房地产商推动北京建筑艺术——潘石屹和张欣

用"第一个吃螃蟹的人"来形容潘石屹和张欣的勇气，也显示了他俩为北京房产建筑开创新途的重要性。方振宁认为，在新开发案里较具文化内涵的，就属潘石屹和张欣的 SOHO 中国公司所开发的项目。从现代城、建外 SOHO、长城脚下的公社、SOHO 尚都、朝外 SOHO，到目前正在三里屯开发的新商场，潘石屹和张欣与国际知名建筑师合作，打造了许多商住两用的成功案例，也打响了一系列 SOHO 的名号。

广受国际赞誉的"长城脚下的公社"，是潘石屹和张欣邀请 12 位亚洲建筑师，在长城北部一个 8 平方公里的山谷，建造的一个私人住宅建筑博物馆。这个由建筑师集体创作的方案，在 2002 年威尼斯建筑双年展中勇夺"建筑艺术推动奖"。方振宁说，在过去的双年展中，得奖者都是建筑师，也从来没有所谓"建筑艺术推动奖"；而张欣以非建筑师的身份获奖，让西方看见中国的民间力量，也向世界昭示了 21 世纪建筑舞台正向亚洲转移的不可取代性，实属不易。此后，长城脚下的公社的经营模式成为许多房产开发商学习模仿的典范，例如南京、宁夏都有类似郊外住宅的项目正开发中。甚至在 2007 年 11 月，台湾也发表了贡寮的、澳底大地计划，概念和创意都来自于建筑师集体创作。"长城脚下的公社"引发的效应，证明了潘石屹和张欣的独到眼光。

21 世纪的北京城市风貌，就这样用建筑写下了新的里程碑。方振宁难掩兴奋地说，2008 年奥运会之前，北京有 60 栋新建筑或改建的大型建筑同时竣工。这是人类城市史上从没有过的奇迹，而方振宁选择用文字参与，也见证了这个奇迹。■

北京市地图

N

香山路

园明园

颐和园

昆明湖

北京植物园

香山公园

万柳公园

五道口
地铁站

海淀区

知春路
地铁站

西五环中路

森林公园

北四环西路

大钟寺
地铁站

八大处公园

北京街

西四环北路

庐师
山庄

西直门
地铁站

希望公园

天文馆

车公庄
地铁站

西五环中路

石景山
财政局

西三环北路

阜成门
地铁站

中日

老山

中央电视塔

复地

石景山

军事博物馆

古城地铁站

八角游乐园
地铁站

八宝山
地铁站

玉泉路
地铁站

五棵松
地铁站

万寿路
地铁站

公主坟
地铁站

军事博物馆
地铁站

木樨
地铁站

南礼士路
地铁站

石景山区

长椿街
地铁站

西四环南路

西客站

北京世界
风情公园

广安门滨河路

广安门站

西三环南路

石景山南站

京石高速公路

西四环南路

丰台站

南三环西路

北京至广州铁路

京石高速公路

丰台西站

西五环中路

西四环南路

南四环西路

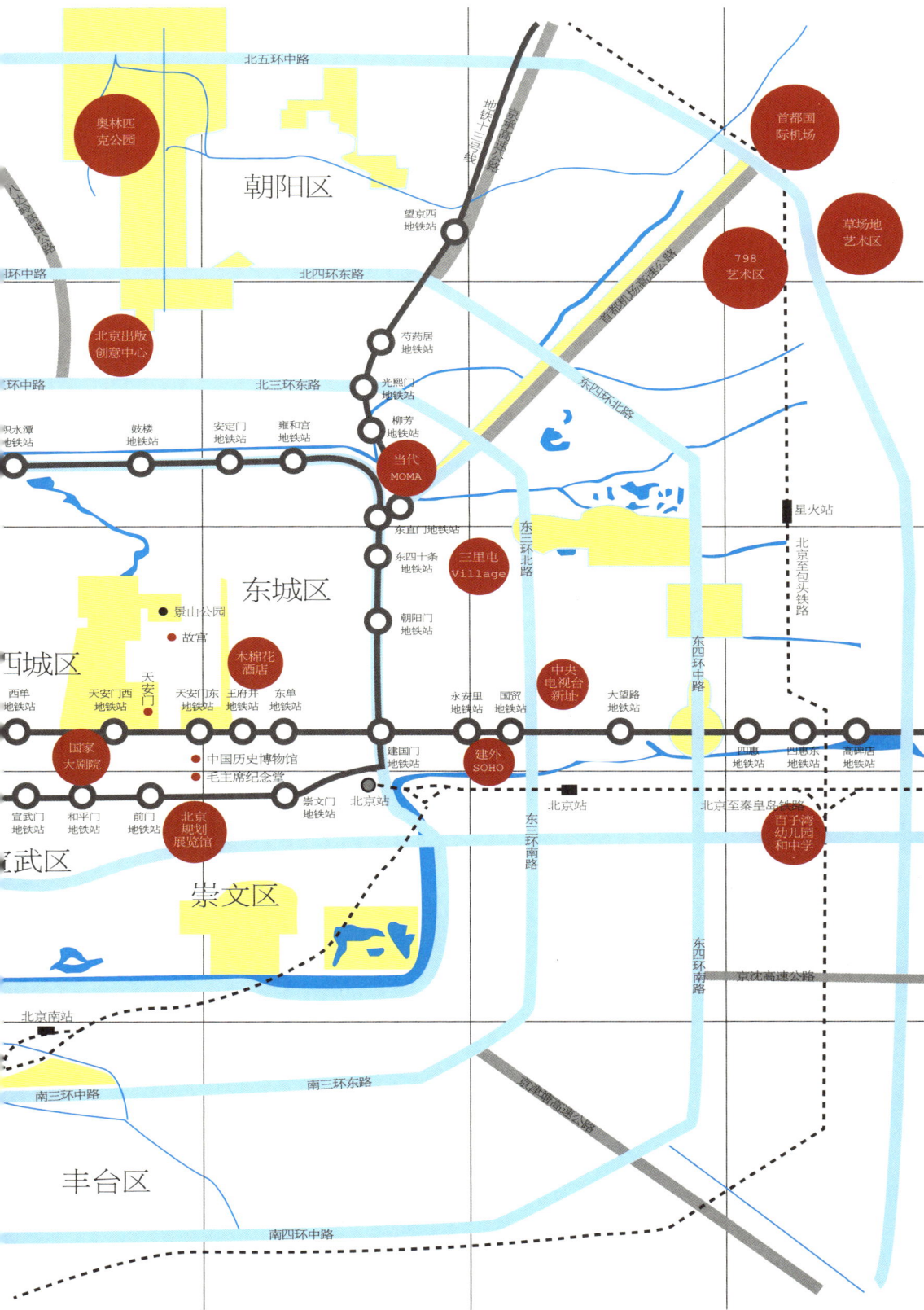

北五环中路

奥林匹克公园

朝阳区

北京出版创意中心

北四环东路

首都国际机场

草场地艺术区

798艺术区

望京西地铁站

地铁十三号线

首都机场高速公路

东四环北路

北三环东路

芍药居地铁站

光熙门地铁站

柳芳地铁站

当代MOMA

星火站

北京至包头铁路

积水潭地铁站

鼓楼地铁站

安定门地铁站

雍和宫地铁站

东直门地铁站

东四十条地铁站

东三环北路

三里屯Village

东城区

朝阳门地铁站

景山公园

故宫

西城区

天安门

木棉花酒店

中央电视台新址

大望路地铁站

天安门西地铁站

天安门东地铁站

王府井地铁站

东单地铁站

永安里地铁站

国贸地铁站

东四环中路

西单地铁站

国家大剧院

中国历史博物馆

毛主席纪念堂

建国门地铁站

建外SOHO

四惠地铁站

四惠东地铁站

高碑店地铁站

宣武门地铁站

和平门地铁站

前门地铁站

北京规划展览馆

崇文门地铁站

北京站

北京站

东三环南路

北京至秦皇岛铁路

百子湾幼儿园和中学

宣武区

崇文区

东四环南路

京沈高速公路

北京南站

南三环中路

南三环东路

京津塘高速公路

丰台区

南四环中路

798艺术区

〒 北京市朝阳区酒仙桥路 4 号

📞 +86-10-59789870

🖐 www.798art.org

☺ 798 艺术区位于北京的东北方，地理位置靠近北京首都机场，附近没有地铁站，可搭乘公交车 401 路、420 路、405 路、909 路、955 路、988 路到王爷坟站或大山子站下车

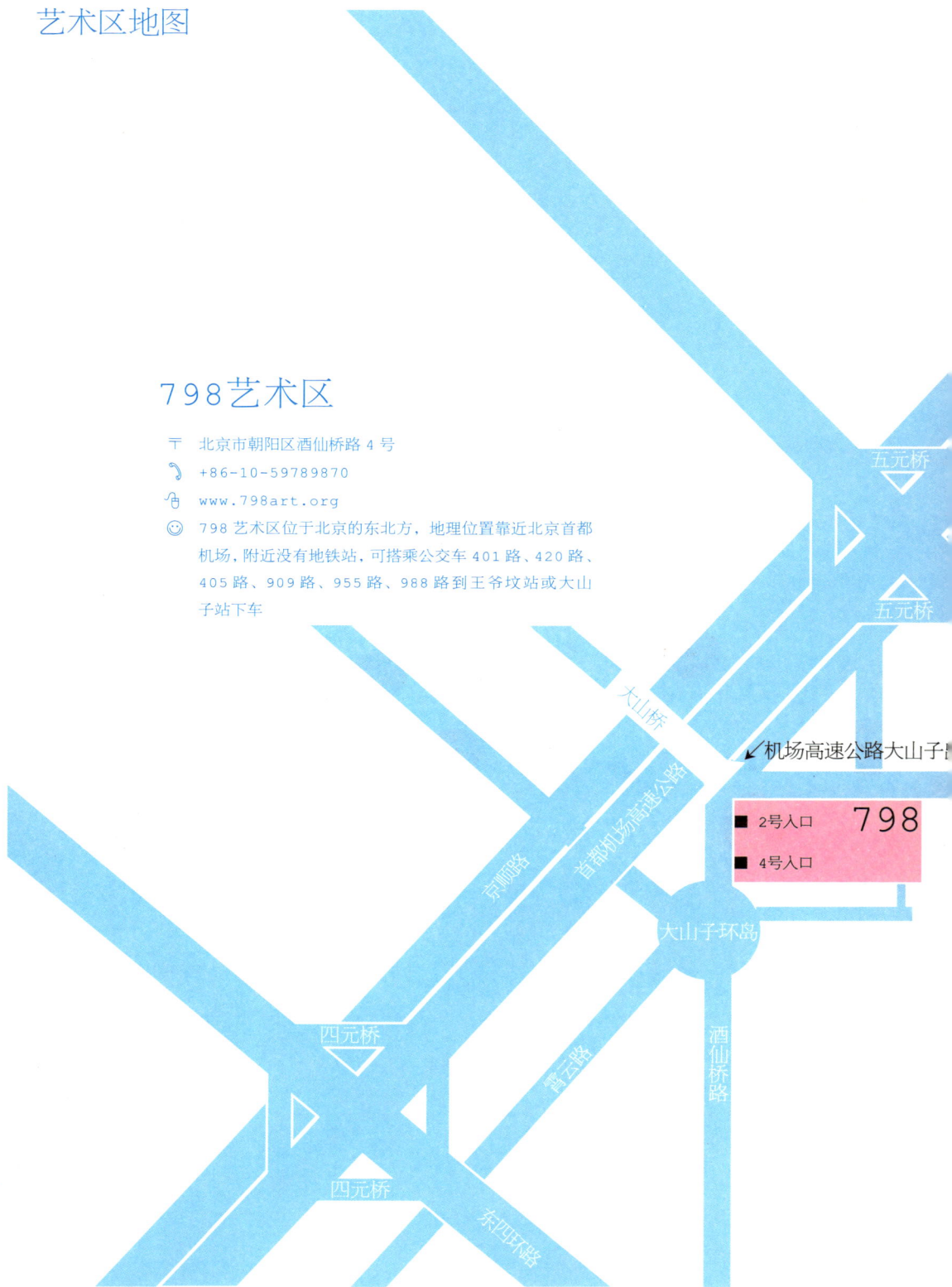

五元桥

五元桥

大山桥

↙机场高速公路大山子出口

■ 2号入口   798
■ 4号入口

京顺路

首都机场高速公路

大山子环岛

酒仙桥路

四元桥

碧云路

四元桥

东四环路

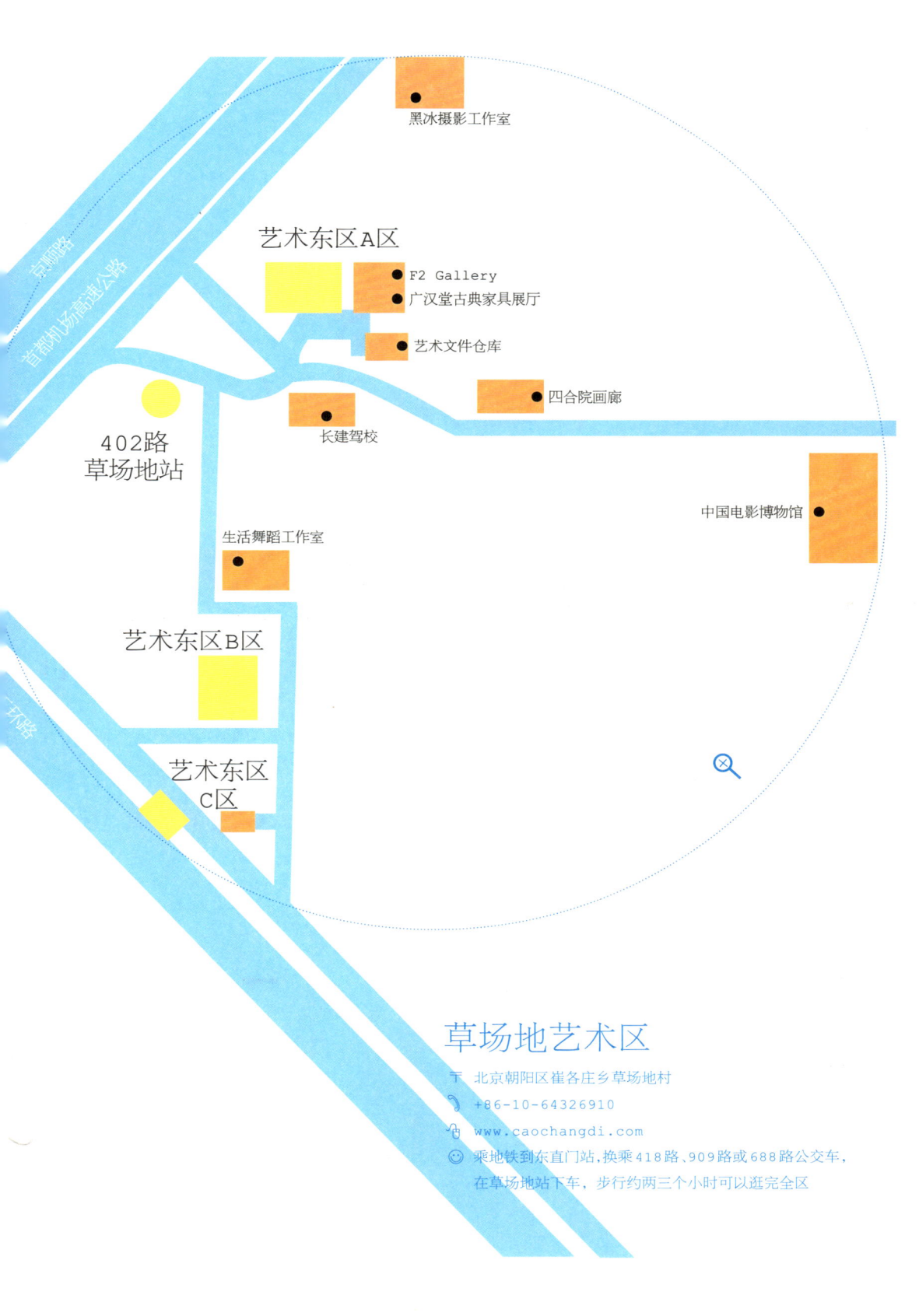

黑冰摄影工作室

艺术东区A区

● F2 Gallery
● 广汉堂古典家具展厅

● 艺术文件仓库

● 四合院画廊

京顺路

首都机场高速公路

中国电影博物馆

402路
草场地站

长建驾校

生活舞蹈工作室

艺术东区B区

环路

艺术东区
C区

草场地艺术区

北京朝阳区崔各庄乡草场地村

+86-10-64326910

www.caochangdi.com

乘地铁到东直门站，换乘418路、909路或688路公交车，
在草场地站下车，步行约两三个小时可以逛完全区

北京地铁规划图

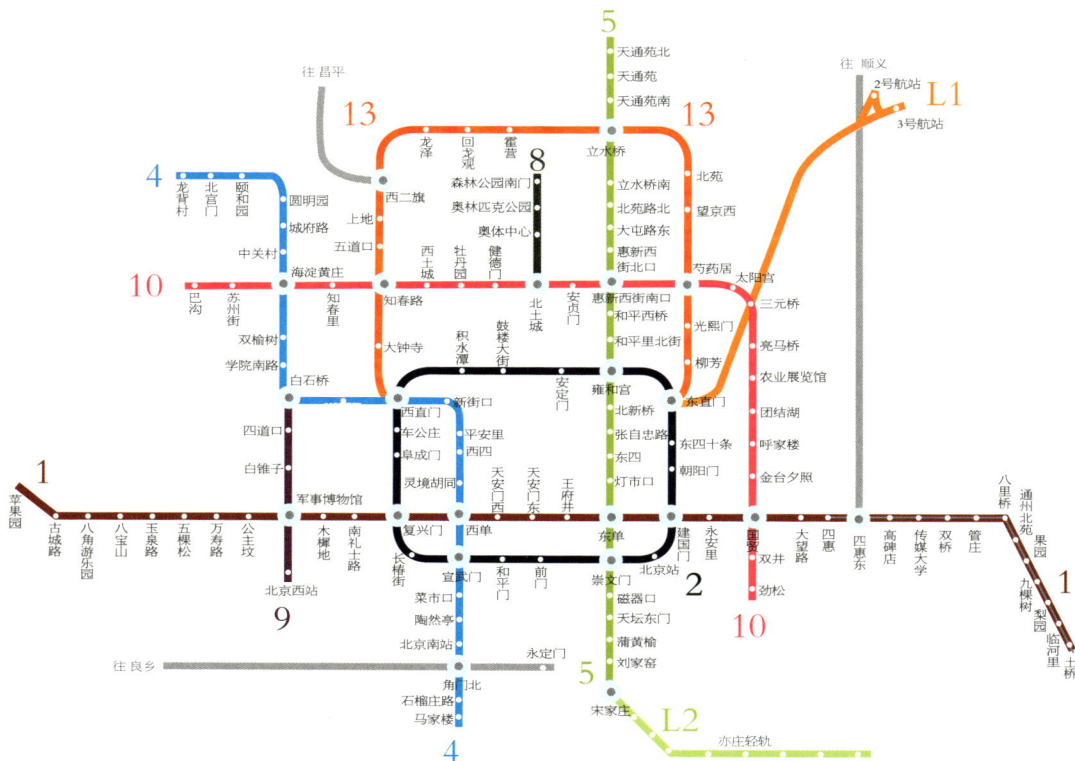

往昌平

5 天通苑北
天通苑
天通苑南

往顺义
2号航站
L1
3号航站

13

13

8

4
龙背村
北宫门
颐和园
圆明园
城府路
上地
西二旗
森林公园南门
奥林匹克公园
奥体中心
西土城
牡丹园
健德门
立水桥
立水桥南
北苑路北
大屯路东
惠新西街北口
北苑
望京西
芍药居
太阳宫

中关村
五道口
海淀黄庄

10
巴沟
苏州街
双榆树
学院南路
白石桥
知春里
知春路
大钟寺
积水潭
鼓楼大街
北土城
安贞门
惠新西街南口
和平西桥
和平里北街
光熙门
柳芳
三元桥
亮马桥
农业展览馆
10

四道口
车公庄
白锥子
军事博物馆
西直门
新街口
平安里
阜成门
灵境胡同
安定门
雍和宫
北新桥
张自忠路
东四
东直门
东四十条
朝阳门
团结湖
呼家楼
金台夕照

1
苹果园
古城路
八角游乐园
八宝山
玉泉路
五棵松
万寿路
公主坟
木樨地
南礼士路
长椿街
复兴门
天安门西
天安门东
王府井
西单
东单
建国门
永安里
国贸
大望路
四惠
四惠东
高碑店
传媒大学
双桥
管庄
八里桥
通州北苑
果园
九棵树
梨园
临河里
土桥
1

9
北京西站
宣武门
菜市口
陶然亭
北京南站
和平门
前门
崇文门
磁器口
天坛东门
蒲黄榆
刘家窑
北京站
2

双井
劲松
10

往良乡
永定门
角门北
石榴庄路
马家楼
宋家庄
5
L2
亦庄轻轨

4

地铁首末班乘车资讯

1号线 苹果园—四惠东
苹果园 首 5:10 末 22:55
四惠东 首 5:05 末 23:15

八通线 四惠—土桥
四惠 首 6:00 末 22:45
土桥 首 5:20 末 22:05

13号线 东直门—西直门
东直门 首 6:00 末 21:30
西直门 首 6:00 末 21:30

13号线 霍营方向半程
霍营 首 5:25
东直门 末 22:00
霍营 首 5:25
西直门 末 22:00

2号线 西直门—车公庄
内环方向（顺时针）
西直门 首 5:33 末 22:42
车公庄 首 5:29 末 23:23
外环方向（逆时针）
西直门 首 5:10 末 23:00
车公庄 首 5:11 末 23:01

www.bjsubway.com/cns/index.html

（京）新登字 083 号

图书在版编目（CIP）数据

北京新建筑／林美慧著．

- 北京：中国青年出版社，2009.1

ISBN 978-7-5006-8615-6

I. 北 ... II. 林 ... III. 建筑艺术 - 北京市 - 现代 - 图集

IV.TU-881.2

中国版本图书馆 CIP 数据核字（2008）第 205353 号

北京市版权局著作权合同登记号

图字：01-2008-3260 号

责任编辑	马惠敏
平面设计	张朝清 吴晓东
出版发行	中国青年出版社
社址	北京东四 12 条 21 号（邮编 100708）
网址	www.cyp.com.cn
营销部	010-84039659
编辑部	010-64033818
印刷	北京方嘉彩色印刷有限责任公司
经销	新华书店
规格	700×1000mm 1/16
印张	11
版次	2009 年 1 月北京第 1 版
印次	2009 年 1 月北京第 1 次印刷
印量	8000 册
定价	38.80 元

本书如有印装质量问题，请与印务中心质检部联系调换。

联系电话：010-84047104

长城脚下的公社地图

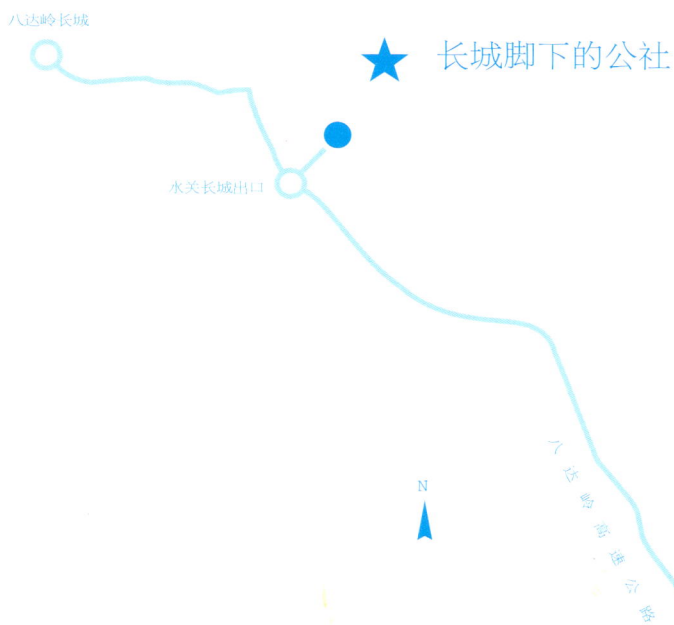

八达岭长城

★ 长城脚下的公社

水关长城出口

八达岭高速公路

N

四环路

三环路

二环路

天安门

地理位置与交通

长城脚下的公社位于北京北部山区，水关长城脚下，距北京首都国际机场1小时车程，距青龙桥火车站20米。从北京市中心开车走八达岭高速公路，在水关出口下高速公路，依交通标志从水关长城进入山谷，不多时便能看到公社，非交通巅峰时段，路程约需四五十分钟。若是自助旅行方式，可以包出租车从北京市区出发，包车价钱1天约500～600元人民币（视当地物价而变动）。

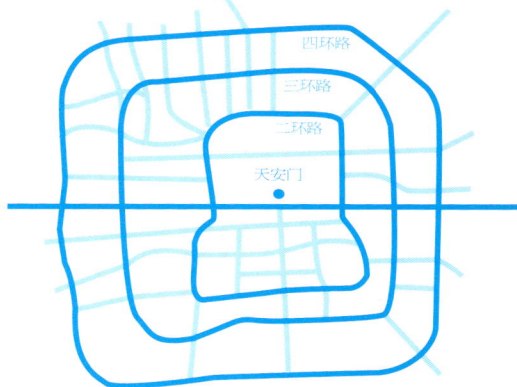